PEIDIANWANG BUTINGDIAN ZUOYE FANGFA YU ANLI FENXI

配电网不停电

作业方法与案例分析

国网浙江省电力有限公司设备管理部　组编

中国电力出版社

CHINA ELECTRIC POWER PRESS

内 容 提 要

本书结合案例，从带电检测技术和配电网运行角度展开，内容涵盖架空线路带电作业和电缆不停电作业，介绍配电网不停电作业的工作内涵及典型案例。全书共九章，内容包括安全防护，绝缘遮蔽用具与遮蔽方法，绝缘承载装置的使用，带电断、接引线，带电（带负荷）更换柱上设备，更换绝缘子及横担，复杂架空线路不停电作业项目，综合不停电作业项目，以及从运行角度考虑配电网不停电作业方案。

本书图例翔实、分析透彻，可作为配电网不停电作业人员的培训教材，也可供配电网运检人员学习参考。

图书在版编目（CIP）数据

配电网不停电作业方法与案例分析 / 国网浙江省电力有限公司设备管理部组编 . — 北京：中国电力出版社，2019.7
　　ISBN 978-7-5198-3199-8

　　Ⅰ . ①配… Ⅱ . ①国… Ⅲ . ①配电系统－带电作业 Ⅳ . ① TM727

中国版本图书馆 CIP 数据核字（2019）第 099479 号

出版发行：中国电力出版社
地　　址：北京市东城区北京站西街 19 号（邮政编码 100005）
网　　址：http://www.cepp.sgcc.com.cn
责任编辑：崔素媛（010-63412392）
责任校对：黄　蓓　王海南
装帧设计：赵丽媛
责任印制：杨晓东

印　　刷：北京博图彩色印刷有限公司
版　　次：2019 年 7 月第一版
印　　次：2019 年 7 月北京第一次印刷
开　　本：710 毫米 ×1000 毫米　16 开本
印　　张：12.5 印张
字　　数：183 千字
印　　数：0001—3500 册
定　　价：75.00 元

编委会名单

主 任 黄武浩

副主任 马振宇 徐定凯

成 员 苏毅方 杨晓翔 陈 超 钱 江 高旭启

编写组名单

主 编 马振宇

副主编 杨晓翔

参 编 许国凯 钱 栋 周 兴 金 涛 陈 捷
姜 波 徐 勇 黄 磊 陈友德 张利敏
李 亚 周明杰 赵志修

前　言

我国的带电作业起步于 20 世纪 50 年代，随着技术人员技能水平、工具装备性能质量的不断提高，现在我国的不停电作业已发生了很大的变化。从 2000 年左右到现在，配电网不停电作业在工作内容、工作内涵方面发生了一些变化，总体包括以下 5 个方面：

1. 专业名称内涵的延伸，从"带电作业"→"不停电作业"。

从"自身的作业条件，即作业时设备或线路是否带有电压，作业人员是否有接触带电设备可能，强调作业的危险性"到"对外服务，强调对用户的供电承诺"的变化。2012 年 9 月，国家电网有限公司运维检修部提出了配电网不停电作业的概念。

2. 工作内容的扩展，从配合"业扩工程"→限度地参与"配电架空线路维护和消缺"→全方位"故障抢修"配电网架改造。

1）2000 年左右，各地较为普遍地开始组建配电带电作业班组。为提高供电可靠性，有限地规模地开展了 10kV 配电架空线路带电作业，主要工作是配合业扩工程的用户接入工作。常规项目有安装分支线横担，带电断、接分支线跌落式熔断器的上引线等。

2）2010～2011 年，这一阶段是配电架空线路带电作业发展的主要节点。

2010 年 10 月，国家电网有限公司生产技术部在长沙组织召开了技术交流会。在模拟线路上展示了架空线路旁路作业、带电立杆、带负荷更换柱上一体式隔离开关等项目，并解读了企业标准《配电架空线路带电作业管理规范》初稿，此标准在 2011 年颁布实施。

2011 年 10 月，国家电网有限公司生产技术部组织了配电带电作业竞赛。竞赛项目有带负荷更换柱上隔离开关、带电更换跌落式熔断器等。

此后，生产单位按照"能带不停"的要求，除开展常规业扩项目以外，还普及性地开展更换绝缘子、更换避雷器、更换跌落式熔断器等设备的维护和消缺的作业项目，即"第二类"作业项目，并逐步开展带电立杆、带负荷更换柱上开关设备等"第三类"作业项目。

2017 年，国家电网有限公司开始推进不停电示范区建设。配电网不停电作业参与到配电网改造工作中，成为配电网运维检修的主要手段。

3. 作业对象的扩大，架空线路→电缆线路。

2012 年，国家电网有限公司运维检修部提出了配电网不停电作业的概念，开展了 10kV 电缆不停电作业的试点工作，并在 2013 年推广应用。配电网不停电作业从架空线路延伸到电缆线路。

2015 年，国家电网有限公司修编了企业标准《配电架空线路带电作业管理规范》，命名为《10kV 配网不停电作业规范（试行）》，内容包括 10kV 架空线路和电缆线路的不停电检修项目。

4. 中低压配电网的全覆盖，从 20kV、10kV →中压 0.4kV。

2018 年，开展 0.4kV 配电网不停电作业试点工作，工作内容包括架空线路接户线的断、接，配电站内设备的维护和表箱表计的安装更换等。

5. 工作技术要求的不断提高，带电→带负荷→维持原有电网或设备的运行状态（一次、二次）。

刚恢复 10kV 配电网架空线路带电作业时，由于技术条件的原因，只能保持主干线不停电，减小停电范围。例如，更换开关设备时，须使开关设备处于分闸位置，一般情况下也对作业点负荷侧设备进行负荷电流的转移。

随着对供电可靠性要求的不断提高，考核从带电作业化率和带电作业消缺率等指标到多供电量。同时，带负荷更换柱上开关项目也出现了桥接法、旁路负荷开关法等新的作业方式，这些作业方法均被补充到《10kV 配网不停电作业规范（试行）》中。这就促使更换设备时"带负荷"作业成为常态。

配电网自动化的应用为配电网的发展带来了机遇，同时也带来了挑战。柱上断路器的重合闸装置不合理停用，开关装置的误动等都会对线路运行的稳定性和可靠性造成影响，这就对配电网不停电作业提出了新的要求，即维持原有电网或设备的运行状态（一次、二次）。绝缘斗臂车绝缘杆作业法、开发具有保护功能的旁路开关代替常规旁路负荷开关、在带负荷更换跌落式熔断器项目中用专用的工具串接到绝缘引流线回路中等方面的探索就是为实现"维持原有电网或设备的运行状态（一次、二次）"而做的有益尝试。

　　本书由国网浙江省电力有限公司设备管理部为推进不停电作业示范区建设，总结多年的工作经验，结合 11 个地市公司具体的案例集结成册。既有对配电网不停电作业基本项目的再创新，更有新开展的复杂作业项目的探索实践。

　　限于编者水平和时间，疏漏和不妥之处在所难免，请读者给予更正！

　　　　　　　　　　　　　　　　　　　　　　　　　　　　　编　者

目　录
CONTENTS

第一章 安全防护

第一节│配电网不停电作业现场安全控制

本节介绍一种配电网不停电作业现场安全控制方法——"STAR"法，如图1-1所示。

图 1-1 "STAR"法

S：需要注意的是，第一个字母"S"不是"Start"，而是"Stop"。这和我们过马路一样"一停、二看、三通过"。接到工作任务后不应急于开始，而要首先确认工作地点，核对作业装置的双重名称，对现场的作业环境、装置结构和设备状态等作业条件进行复勘。在开始任何工作前，都需要现场召开班会。

T："Think"，明确工作内容，并结合工作内容思考存在哪些作业风险。因为每个人的工作经历和现有的知识（包括经验、理论知识和技能）水平不同，发现的作业风险也不一样，所以作业风险的讨论要发挥作业班组所有成员，包括现场许可的业务主管等的主观能动性和智慧，而不是只由工作票签发人或工作负责人决定。按照常规的作业风险分类有来自人、机、工程等的触电，高空摔跌，重物打击等风险因素，但容易忽略来自工作环境的天气情况、生物危害（如动物叮咬）、化学危害和工作班成员本身如知识、身体健康情况和精神状态等风险因素。另外，电弧的危害和密闭空间可能带来的风险目前也越来越受到重视。

A："Act"，采取措施来消除或减少可能的风险。图 1-2 为风险控制的层次视图。

图 1-2　风险控制的层次视图

图 1-2 中表示，风险控制的首要目标为消除危险源，如果不能，则寻求可以替代的方法。接下来依次是安全设施（带电作业中的线路开关重合闸装置，停电作业中的临时接地线、开关柜的五防功能等）、管理控制和警示装置（围栏、警示灯、路障等），最后是个人安全防护用具，如带电作业中的安全帽、绝缘手套、绝缘披肩（袖套、肩套）等。

R："Review"，工作结束后，需要召开现场收工会来回顾和探讨哪些措施是完善并发挥了作用的，哪些措施需要改善、补充甚至可以删减，以保证下次作业的实施更安全、高效。同样的，现场收工会不能流于形式，要求作业班组全员参与、充分讨论、注重细节，强调安全措施的可操作性。

以上过程就是现场作业安全控制的"STAR"法，它与质量管理控制的戴明环

"PDCA"相似。只要在平时工作中贯彻实施,加强作业人员对安全措施的自觉性、对细节的注重及严谨性,做好该做的,落实好每个细节并使它变成习惯,不断地累积就会实现量变和质变的目标。

▌ 第二节 | 配电网不停电作业个人绝缘防护

配电网不停电作业中为阻断触电回路,必须穿戴绝缘服装、绝缘安全帽、绝缘手套等个人绝缘防护用具。绝缘手套是配电网架空线路带电作业人员的个人安全防护用具(personal protective equipment,PPE),也是保障作业人员安全的最后一道屏障。本节主要针对绝缘手套的选用和使用、日常检查等进行叙述。

某公司配电网不停电作业班组在绝缘斗臂车绝缘手套作业法项目中,斗内作业人员在抓握裸导线时总感觉到有针刺的刺痛感。工作前,工作负责人指挥班组成员对绝缘手套的外观进行了检查,并采用充气法对绝缘手套进行可检漏试验,但并没有发现其有明显的缺陷。经更换绝缘手套之后,消除了针刺感并顺利完成了作业。事后,用"灌水"的方法作为补充检查的手段加以确认或验证,指尖会析出水珠并滴漏,说明手套有缺陷,如图1-3所示。

图1-3 绝缘手套"灌水"验证有无刺穿

绝缘手套的检查效果直接影响作业的安全。如果作业中感觉手上有刺痛感,并不一定是遇到了过电压或绝缘斗臂车、绝缘工具绝缘性能不良,很有可能是未能检查出绝缘手套的缺陷。绝缘手套的指尖或指间由于老化、过度磨损或被尖锐物刺伤、划伤形成微小的贯穿性损伤后，即使有绝缘斗臂车作为保护和与电位的导体或接地构件保持有足够的安全距离，在接触带电导体时也会有刺痛感。这是由于在静电感应作用下，绝缘手套绝缘厚度变小的部位被击穿后形成的贯穿性空气间隙或已被刺穿部位的空气间隙，断续地击穿放电引起的。这和使用绝缘手套作业法时作业中手工工具的金属端在靠近带电体时，接触与未接触瞬间微弱的放电现象是相同的。

一、绝缘手套的选用和使用

正确选用和使用绝缘手套对于作业人员的安全至关重要，选用绝缘手套时应考虑适用的电压等级、大小和形状，在穿戴时应注意与外部保护手套之间长度上的匹配。

1. 绝缘手套的适用电压

按照 GB 17622—2008《带电作业用绝缘手套》，不同电压等级线路的带电作业应选用对应级别的绝缘手套，见表 1-1。

表 1-1　带电作业用绝缘手套的级别

级别	电压（V）
0	380
1	3000
2	10000
3	20000
4	35000

作业班组通常会配置美制或日制绝缘手套。美制绝缘手套用袖口部位的标签颜色来区分其适用的电压，但这个电压不是额定电压（rated voltage），而是最大使用电压（max use voltage），如图 1-4 所示。美制带电作业用绝缘手套型号见表 1-2。

表 1-2　美制带电作业用绝缘手套型号

等级	标签颜色	最大使用电压（V）
0	红色	1000
1	白色	7500
2	黄色	17500
3	绿色	26500
4	橙色	36000

图 1-4　美制绝缘手套

日制绝缘手套用袖口部位的印刷标签来区分适用的电压（最大使用电压），如图 1-5
所示。

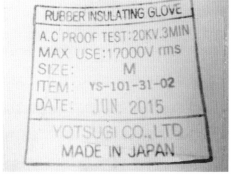

图 1-5　日制绝缘手套上的印刷标签

2. 绝缘手套的大小

绝缘手套的大小会影响穿戴的舒适性和工作时的便利性，是作业人员个人配备的安
全防护用具。依据使用者手掌，从虎口处量取掌围并加大 2.54cm，即是合适的尺寸。
常用的美制绝缘手套的尺寸一般为 8 英寸（约 20.32cm）、9 英寸（约 22.86cm）、9.5
英寸（约 24.13cm）和 10 英寸（约 25.4cm），特殊者需要选择更大或更小的尺寸。如
果没有穿戴绝缘袖套，美制绝缘手套的长度应能到达手肘约 18 英寸（约 45.72cm）的
绝缘手套的。如果配合袖套穿戴，则可以选用较短长度，约 14 英寸（约 35.56cm）或
16 英寸（约 40.64cm）的绝缘手套。

而日制绝缘手套的大小尺寸分 L、M 和 S 三种。日制绝缘手套和绝缘披肩配合使用时，建议选用袖口呈钟形的绝缘手套，如图 1-6 所示。

图 1-6　袖口呈钟形的绝缘手套

3. 绝缘手套的穿戴

内衬手套一般用棉质手套，作用是吸汗、防滑、御寒并防止汗水侵蚀橡胶绝缘手套。为使穿戴舒适，可在手套内部薄薄地涂撒上一层滑石粉。外戴柔软的革制保护手套，防止绝缘手套被机械刺穿或割裂。

由于外护手套没有绝缘性能，因此其长度应比绝缘手套短 15cm，如图 1-7 所示。这个区段，绝缘手套表面不能贴标签和被脏污污染。按照美国的要求是，保护手套的长度比绝缘手套短，按照每 10kV 1 英寸（约 2.54cm）的比例减小长度。

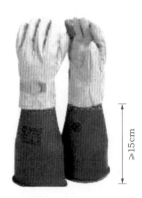

图 1-7　外护手套与绝缘手套的配合关系

二、绝缘手套的检查

绝缘手套作为带电作业中人身安全防护的重要用具，应按照"谁使用、谁保管、谁检查"的要求在使用前进行检查。绝缘手套的现场检查方法通常采用表面检查和充气检查，检查时不能戴外护手套。

1. 表面检查

表面检查绝缘手套时应正、反两面检查，特别应逐个检查指尖和指间有无刺穿、划伤和老化的裂痕深度等。由于使用中的划痕和橡胶老化产生的裂痕是多个方向的，因此应从多个方向进行检查。表面检查完成后，再采用充气方式检查有无刺穿。

2. 充气检查

由于橡胶老化会形成细小的裂痕，因此用充气法进行检查时，充气要足，要使手套充分膨胀甚至有所变形，如图 1-8 所示。充气法检查时采用绝缘手套检漏仪或卷压的方法。

充气检查时通过"看""听"和"触觉"来判断绝缘手套有无损伤。"看"充气的绝缘手套是否有由于漏气回缩的情况；放在耳边仔细"听"，是否有微弱的"嘶嘶"漏气声，但由于现场环境噪声的影响，"听"的方法不一定有效；将绝缘手套的各部位在嘴唇边移动，"感觉"是否有漏气气流，嘴唇的触觉最敏感，如图 1-9 所示。

图 1-8　充气法检查绝缘手套

充气法检查损伤的绝缘手套时，即使有破损但没有明显漏气现象的原因如下：①绝缘厚度变薄但没有形成贯穿性损伤（孔隙）；②手套膨胀变形孔隙反而被挤住，因此表面检查的环节不可少，且一定要仔细。

图 1-9   用嘴唇感知绝缘手套是否有漏气

三、绝缘工器具的保管与储存

随着配电网不停电作业标准化工作的不断推进，保管带电作业工器具的要求越来越具体，带电作业工器具库房的建设越来越受到重视。为了能使带电作业工器具始终处于良好的状态，并便于管理，很多单位建设了各种具备智能化管理系统的库房。

1. 影响绝缘工器具老化的因素

带电作业绝缘工器具的老化取决于结构特点，所使用的材料存储、运输的环境及正常使用时发生的磨损和撕裂，使用频次等因素。带电作业中起到主绝缘保护作所用的工具，使用的材料主要有环氧树脂玻璃纤维增强型复合材料、蚕丝绳、锦纶（尼龙）绳等；起辅助绝缘保护的用具使用的材料主要有橡胶、硅橡胶、塑料及其制成品。

影响带电作业绝缘工器具使用安全的除了绝缘性能还有力学性能。环氧树脂的化学特性比较稳定，耐酸碱腐蚀、耐湿／热性能不是很高。橡胶制品常因受热、空气中的氧气和臭氧、阳光、风、雨、雪及使用过程各种机械应力作用或化学溶剂的侵蚀，使橡胶的化学结构受到破坏，变软或硬脆龟裂，表面粗糙，力学性能下降随时间推移逐渐丧失使用价值。

绝缘工器具在使用期内会发生磨损和撕裂等情况。此外，一些污染物也会对绝缘工器具的绝缘特性和使用功能造成不利影响，如沉积和吸附的含油脂物和固体微粒（盐、细土、金属粉尘等，这些物质很容易导电）。

在选购带电作业工器具时还应考虑工具使用地域的组合气象条件，因为组合气象条件是带电作业工器具机械设计的主要依据，可提高工具的通用性，降低工具的重量。

2. 带电作业绝缘工器具对存储环境的要求

绝缘服装、绝缘毯、绝缘手套、绝缘垫、导线软质遮蔽罩等应均储存在专用箱内，小心地放置绝缘垫以确保其不被挤压和折叠；避免阳光直射、雨雪浸淋，防止挤压和尖锐物体碰撞；禁止与油、酸、碱或其他有害物质接触，并距离热源 1m 以上。禁止贮藏在阳光、灯光或其他光源直射的条件下。贮存环境温度宜为 10～21℃之间。热源包括蒸汽管、散热管或其他人造热源等。

绝缘绳索应避免不必要地暴露在高温、阳光下，也要避免和机油、油脂、变压器油、工业乙醇接触，严禁与强酸、强碱物质接触；绝缘绳索禁止贮存在阳光或有其他光源直射的地方，禁止贮存在热源附近；推荐使用年限一般为 5～8 年（自生产日期始）。

绝缘杆的相关标准中没有此类详细的规定。

值得注意的是，各标准条文都是"储存""贮藏""贮存"等，它们的含义大致是含库存和储备在内的一种广泛的经济现象，是一切社会形态都存在的经济现象，都带有长期保管的意思。带电作业库房是长期保管库存和备用件，以及暂时存放使用的带电作业工器具的场所，还要兼顾有缺陷的工器具整理、修复、管理等功能要求。

■ 第三节｜配电网不停电作业夏季人身安全防护

由于配电网不停电作业人员作业中需要穿戴绝缘防护用具，夏季高温给作业人员带来的不适感会加重，影响到作业的安全性，因此经常遇到从事配电网不停电作业的人员询问"夏季多少度的高温不宜开展作业"。DL 409—1991《电业安全工作规程（电力线路部分）》的解读本上对于温度有这样的解读："由于我国幅员辽阔，南北温差较大，不宜用一个温度来规定带电作业是否能开展，各地应因地制宜……"。湿度和海拔高度直接影响空气间隙的击穿电压（如安全距离值）和绝缘工器具的绝缘性能，因此相关规程中做了明确的规定，但温度并没有明确的规定。

一、与温度有关的配电网不停电作业规程

GB/T 18037—2008《带电作业工具基本技术要求与设计导则》中提到：组合气象条件是带电作业工具机械设计的主要依据，合理选择气象条件组合，可提高工具的通用性，降低工具的重量。带电作业工具一般按下列三类组合气象区进行机械设计，见表1-3，特殊地区可按具体情况另行组合。全国通用的带电作业工具应按三个气象区中最苛刻的气象条件进行设计。

表1-3　三类组合气象区

气象区域	最低气温（℃）	最大风速（m/s）
I	−25	10
II	−15	10
III	−5	10

此规程只和带电作业工具的机械设计有关，并没有从作业人员劳动保护的角度给出相关的规定。

二、《中华人民共和国劳动法》及其他高温作业的规定

《防暑降温措施管理办法》为原国家安全生产监督管理总局、原卫生部、人力资源和社会保障部、中华全国总工会四大部门于2012年联合下发的，其第八条规定：

在高温天气期间，用人单位应当按照下列规定，根据生产特点和具体条件，采取合理安排工作时间、轮换作业、适当增加高温工作环境下劳动者的休息时间和减轻劳动强度、减少高温时段室外作业等措施。

用人单位应当根据地市级以上气象主管部门所属气象台当日发布的预报气温，调整作业时间，但因人身财产安全和公众利益需要紧急处理的除外：

（1）日最高气温达到40℃以上，应当停止当日室外露天作业。

（2）日最高气温达到37℃以上、40℃以下时，用人单位全天安排劳动者室外露天作业时间累计不得超过6小时，连续作业时间不得超过国家规定，且在气温最高时段3小时内不得安排室外露天作业。

（3）日最高气温达到35℃以上、37℃以下时，用人单位应当采取换班轮休等方式，

缩短劳动者连续作业时间，并且不得安排室外露天作业劳动者加班。

由于电力因行业特点不能停工或因生产、人身财产安全和公众利益的需要必须紧急处理或及时抢修的情况，因此，大家还需做好高温天气随时出发工作的准备。

三、体感温度

绝大多数配电网不停电作业在户外实施，作业人员在夏季要承受高温的考验，特别是穿戴绝缘防护用具后，身体的热量不易散发极易引起中暑。作业时人体的舒适度与体感温度有关，作业人员必要时可以采取一些措施，如喝水、间歇性休息和穿戴降温服等。

天气预报的气温是指 1.5m 高处百叶箱中空气的温度，体感温度是指人体感受到的空气温度，两者之间存在差别。

体感温度受多种因素影响，主要有温度、湿度、风速和辐射 4 个因素。

通常温度比较高、湿度比较小时，人体体表的水分被蒸发掉而使人感觉比较干爽舒服，体感对比如图 1-10 所示。

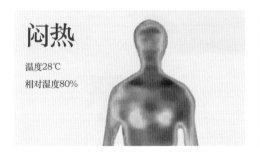
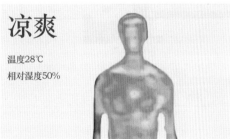

图 1-10　体感对比

一定的风速会使人身体散发出的热量都被吹离体表，即使温度较高仍会感觉比较干爽。

太阳直接照射到人身使体温升高，一般阴天与晴天，体感温度相差 4~6℃。地表辐射也是如此，地表温度高，向外散射的热量大，如在太阳照射下的水泥地面与水体或湿地，体感温度就大不一样。

由于体感温度可以受到温度、湿度及风速的影响，因此又名 THW 指数（temperaturehumidity-wind index）。1984 年，罗伯特·史特德曼（Robert G. Steadman）发表的体感温度的通用公式如下：

$$AT = 1.07T + 0.2e - 0.65V - 2.7$$

$$e = \frac{\varphi}{100} \times 6.105 \times \exp\frac{17.27T}{237.7+T}$$

式中：AT 为体感温度（℃）；T 为气温（℃）；e 为水汽压（hPa）；V 为风速（m/s）；φ 为相对湿度（%RH）。

可看出相对湿度越大、风速越小时，能得出较大的体感温度。

例如，当夏季气温为 35℃，风速为 5m/s，相对湿度为 80%（南方）、40%（北方）时，经计算可以得到南、北方体感温度分别为 40.5℃、36℃；当冬季气温为 10℃，风速为 10m/s，相对湿度为 80%（南方）、40%（北方）时，经计算南、北方体感温度分别为 3.5℃、2.5℃。

经过计算可以发现相同气温、风速下，由于南方的相对湿度高于北方，因此南方人们的体感温度更高。

除以上因素外，体感温度还和人的体质（包括胖瘦）、心情和着装颜色等有关。因此，气象局还发布穿衣指数、空调指数和防晒指数等生活气象指数来弥补单纯预报气温的不足。体感温度分级见表 1-4 和表 1-5。

表 1-4　夏季体感温度分级

分级	感觉	温度（℃）
很冷	会冷死人，无法忍受	13～18
冷	会生病，衣服穿很厚或钻在被子里勉强可接受	18～20
有点冷	加点衣服最可接受	20～25
凉快	最舒适	25～27
热	不舒适	27～30
很热	需要空调或风扇	30～33
过热	需要冲凉	33～35
太热	需要频繁冲凉	35～37
极热	会出人命	>39

表 1-5 冬季体感温度分级

分级	感觉	温度（℃）
很冷	极不适应	<4（红色）
冷	很不舒适	4~8（黄色）
凉	不舒适	8~13（蓝色）
凉爽	较舒适	13~18
舒适	最可接受	18~23
温暖	可接受	23~29
暖热	不舒适	29~35（蓝色）

四、夏季开展配电网不停电作业人身安全防护

夏季开展配电网不停电作业，作业人员应避免受到高温的影响。具体措施如下：

（1）错时。避开一天中温度最高的时间，合理安排工作时间。

（2）保证足够的休息时间。如换班轮休，不熬夜保证足够的休息时间，以保持足够的体力。

（3）保持良好的情绪。不喝酒、不吃刺激性食物。

（4）现场合理执行组织措施，如作业时间过长时，可以工作间断或调整上下作业人员的分工，恢复工作前再进行"三交三查"（即交任务、交安全、交措施和查工作着装、查精神状态、查个人安全用具）。

（5）合理穿戴绝缘防护用具和采用合适的作业方法。例如，绝缘斗臂车绝缘杆作业法，作业人员离带电体较远的情况下，可以穿戴"绝缘安全帽＋绝缘肩套（绝缘披肩）＋绝缘手套"的个人绝缘组合防护用具进行作业，增大身体与对流空气之间的接触，以加快体表水分的散失提高舒适感。

（6）多喝水。出汗有利于热量的排出，多喝水既有利于排汗，又可以补充人体水分。图 1-11 为尿液颜色和补充水分的对照图。

（7）借助特殊劳动防护设备对人体降温。绝缘斗臂车的工作斗内空间狭小，空气流动性差，会增加作业人员的不舒适感。在绝缘斗臂车的工作斗内加装强迫通风的装置，或在工作服内穿戴降温服装来改善人体表面微气象条件。

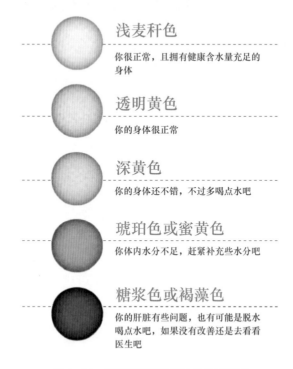

浅麦秆色

你很正常，且拥有健康含水量充足的身体

透明黄色

你的身体很正常

深黄色

你的身体还不错，不过多喝点水吧

琥珀色或蜜黄色

你体内水分不足，赶紧补充些水分吧

糖浆色或褐藻色

你的肝脏有些问题，也有可能是脱水喝点水吧，如果没有改善还是去看看医生吧

图 1-11　尿液颜色和补充水分的对照图

五、降温服的类型

夏季在开展配电网不停电作业时，可穿戴降温服来改善工作条件，从而保障作业安全进行。用于配电网不停电作业的降温服主要有降温袋降温的降温服、冰水循环降温服、绝缘冷却液微型压缩机降温服和半导体双工（制热、降温）劳动防护服。

（1）降温袋降温的降温服。降温袋降温的降温服（见图 1-12）通过冷凝胶或相变材料作为降温剂，将降温袋放入冰箱冷冻凝结后（冷冻时间 120min 左右）插入涤纶棉、FRC 阻燃棉或 NOMEX 的背心口袋中即可使用。降温剂重量 4×350g，降温剂尺寸约为 13cm×31cm，相变温度 0℃，使用时间 1~2h。降温袋降温的降温服使用简单，价格便宜。

（2）冰水循环降温服。冰水循环降温服俗称水冷背心（见图 1-13）通过循环水导入冷源（冰块）中的冷量，从而降低人体皮肤和血液的温度。

（3）绝缘冷却液微型压缩机降温服。绝缘冷却液微型压缩机降温服（见图1-14）的原理和水冷循环降温服基本相同，区别在于绝缘冷却液微型压缩机降温服冷却源采用蓄电池供电的微型压缩机，循环液采用绝缘冷却液，导入降温背心中的软管，带走人体热量，并能设定稳定的温度值。

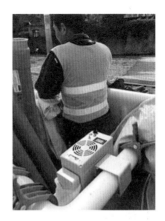

图 1-12　降温袋降温的降温服　　　图 1-13　冰水循环降温服　　　图 1-14　绝缘冷却液微型
　　　　　　　　　　　　　　　　　　　　　　　　　　　　　　　　　　　　压缩机降温服

（4）水循环半导体双工劳动防护服。水循环半导体双工劳动防护服（见图1-15）和绝缘冷却液微型压缩机降温服一样能设定稳定的温度，制热、制冷原理不同。所谓双工，指其既有制冷降温的功能，又有制热保暖的功能。它除适合于夏季使用外，还可以冬天在户外使用。设定温度后，自动切换工作模式，并能断电自持温度设定值。该衣服结构除对胸、背部进行降温外，还可以对颈部大动脉进行降温，提高降温的效果。它重量轻、电压低（12V）、具有过载保护功能；使用水作为循环液体，方便补充，便于维护；电池

图 1-15　水循环半导体双工劳动防护服

可以采用车载充电器进行充电。水循环半导体双工劳动防护服降温和制热效果示意图如图 1-16 和图 1-17 所示。

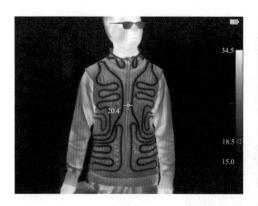

图 1-16　水循环半导体双工劳动防护服降温效果示意图

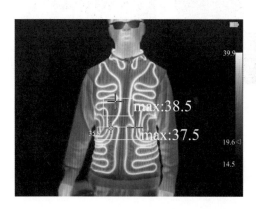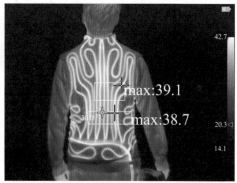

图 1-17　水循环半导体双工劳动防护服制热效果示意图

降温袋降温的降温服舒适性差，且衣服内里有凝露现象，续航能力差，需要配备便携式冰箱。冰水循环降温服也需要配备便携式冰箱。绝缘冷却液微型压缩机降温服和水循环半导体双工劳动防护服两款降温服只需更换电池就可以续航。

六　救措施的步骤

（1）搬移：迅速将患者抬到通风、阴凉、甘爽的地方，使其平卧并解开衣扣，松开或脱去衣服，如衣服被汗水湿透应更换衣服。

（2）降温：患者头部可捂上冷毛巾，可用 50% 酒精、白酒、冰水或冷水进行全身擦浴，然后用扇或电扇吹风，加速散热。有条件的也可用降温毯进行降温。但不要快速降低患者体温，当患者体温降至 38℃以下时，要停止一切冷敷等强降温措施。

（3）补水：患者仍有意识时，可给一些清凉饮料，在补充水分时，可加入少量盐或小苏打水。但千万不可急于补充大量水分，否则，会引起呕吐、腹痛、恶心等症状。

（4）促醒：病人若已失去知觉，可指掐人中、合谷等穴，使其苏醒。若呼吸停止，应立即实施人工呼吸。

（5）转送：对于重症中暑患者，必须立即送医院诊治。搬运病人时，应用担架运送，不可使患者步行，同时运送途中要注意，尽可能用冰袋敷于病人额头、枕后、胸口、肘窝及大腿根部，积极进行物理降温，以保护大脑、心肺等重要脏器。

第二章 绝缘遮蔽用具与遮蔽方法

■ 第一节 | 适用于绝缘杆作业法的绝缘遮蔽罩

目前，绝缘杆作业法由于安全性高，作业人员可以适当减少个人安全防护措施和对带电导体的绝缘遮蔽措施，降低了作业人员的体能消耗，因此越来越得到重视。绝缘杆作业法在配电网不停电作业中的应用，不再局限于脚扣登杆的方式，也可以使用在绝缘斗臂车上，这样兼具了绝缘斗臂车的机动性。但是，绝缘杆作业法一般情况下使用硬质绝缘遮蔽用具，绝缘遮蔽的严密性、牢固性和适用性都较差。图 2-1 为某供电公司现场

图 2-1 某供电公司现场采用绝缘斗臂车绝缘杆作业法的场景

采用绝缘斗臂车绝缘杆作业法的场景。

从图 2-1 可以看出，白色的绝缘遮蔽罩遮蔽并不严密，从作业人员绝缘杆的操作方向看，导体没有被完全遮蔽住。另外，左侧作业人员距离引线很近（可能是视角关系）。图 2-2 为解决这个问题设计的绝缘遮蔽罩，但不适用于引线。

图 2-2 "回形"硬质绝缘遮蔽罩

图 2-3 中适用于绝缘杆作业法作业的日制绝缘遮蔽罩不仅可以对主导线进行遮蔽，也可以对向下的引线进行遮蔽。绝缘遮蔽罩内部结构设计精细，不仅可以有效固定，而且在各方向上都有足够的泄漏距离。

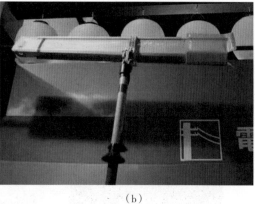

（a）   （b）

图 2-3 日制绝缘杆作业法用导线绝缘遮蔽罩

▌第二节│绝缘遮蔽的方法

绝缘遮蔽过程中遵循"由下到上、从近到远""从大空间到小空间""先简单后复杂"等原则。其中,"由下到上、从近到远"原则可以在穿越导线或装置构件时起到有效防护作用。"从大空间到小空间"原则易于保证作业的安全距离。在电杆装置附近对作业对象设置绝缘遮蔽措施时,应注意站位,包括高度、与被作业对象的距离等。上臂应尽量伸直,往斜上方操作,避免发生事故时人员倒伏在导线上发生二次伤害。下面以直线杆绝缘子、接续线夹为例说明绝缘遮蔽的方法。

一、直线杆绝缘子的遮蔽方法

在配电线路带电作业绝缘手套作业法的项目中,通过对现场环境、装置空间分布的分析,针对规划绝缘斗穿插行进的路线和作业的顺序,在确保安全的情况下,我们可以总结出针对局部(装置的局部、作业流程的局部)的一些定式。引用围棋术语"定式"的含义,这些定式是局部作业时相对稳妥的顺序。虽然定式是布局的,但是具有全局性,应当以全局(整个作业流程的顺序和安全把控)为构思维度。以下以绝缘手套作业法更换直线杆绝缘子为例,阐述带电作业的定式。直线杆绝缘子和导线、横担的位置关系如图 2-4 所示。

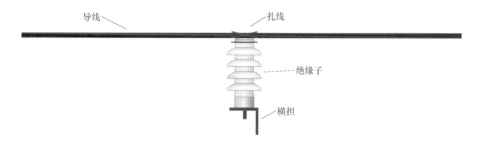

图 2-4 直线杆绝缘子和导线、横担的位置关系示意

图 2-4 中,更换绝缘子时有可能引起短路触电事故的主要矛盾有两个,解决了主要矛盾,次要的矛盾可能就会消失。

矛盾 1:拆绝缘子绑扎线时,导线和展放的扎线与绝缘子铁脚、横担的距离不足0.4m,如图 2-5 所示。解决措施为对绝缘子铁脚、横担进行绝缘遮蔽。但这个部位空间较小，构件不规则，不易一次完成严密有效的遮蔽。在人员站位高度较高、作业幅度较大时，容易短接绝缘子的爬电长度。因此要求作业人员有较为熟练的作业技能和较高的安全意识。

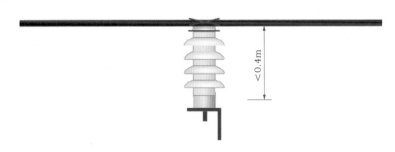

图 2-5　直线杆绝缘子扎线与横担之间的空间关系示意

矛盾 2：扎线拆除，导线提升后，拆卸绝缘子底脚螺钉时与带电导线的距离不足 0.4m。解决措施为对导线进行严密的绝缘遮蔽，但此时导线失去扎线的固结作用后，再进行绝缘遮蔽时，导线晃动幅度大，易失去控制；或绝缘斗臂车的绝缘斗内的作业人员始终处于横担下方拆卸绝缘子以保持和导线之间的安全距离，但此时绝缘斗臂车小吊臂起吊导线高度和绝缘斗停放之间产生的矛盾，不可能使作业人员处于横担下方。

综合以上情况，更换直线杆绝缘子绝缘遮蔽，从作业空间"大→小""近→远"的顺序形成以下定式，即如图 2-6 所示，遮蔽顺序为①→②→③→④。

图 2-6　更换直线杆绝缘子的遮蔽顺序示意

作业人员的站位应合理，并控制动作幅度。如对导线进行绝缘遮蔽时应与横担、绝缘子铁脚等地电位构件保持足够的距离，如图 2-7 所示。作业人员不应明显处于导线上方，避免事故时伤者倒伏在有电线路上引起二次伤害。

图 2-7　遮蔽导线时的站位和遮蔽动作示意

按照遮蔽的顺序，后续遮蔽的效果如图 2-8 所示。

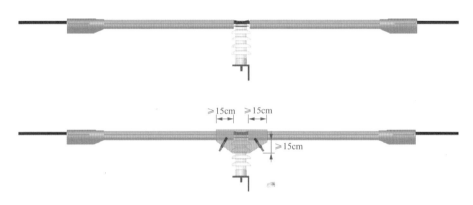

图 2-8　更换直线杆绝缘子示意

绝缘毯和导线绝缘遮蔽罩之间的重叠长度不小于 15cm，绝缘毯对绝缘子瓷裙沿面的遮蔽长度不小于 15cm。对绝缘子遮蔽时，作业人员的站位高度如图 2-9 所示，即作业人员视线为稍向下，双手平举即可。遮蔽完成后的效果如图 2-10 所示。

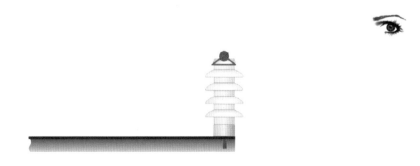

图 2-9　遮蔽绝缘子时的作业人员站位示意

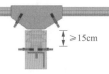

图 2-10　遮蔽完成后的效果

横担和绝缘子铁脚应遮蔽严密，绝缘毯从下往上对绝缘子瓷裙沿面的遮蔽长度不小于15cm。

带电作业定式，并非说这种作业的局部顺序一定是固化的，根据作业人员个人的技能水平和作业中的站位、使用的工具或用具的不同，可以衍生出其他定式，因此定式是可变化和发展的。例如，也可以先遮蔽横担和绝缘子铁脚，再遮蔽导线和扎线，前提是作业人员应有较为熟练的作业技能和较高的安全意识。

按照从下到上的顺序设置绝缘遮蔽措施时，作业人员应处于横担的斜下方，双手尽量往上伸直进行操作，如图 2-11 所示。在简单项目取证班培训时，由于作业人员技能水平不足，安全意识还未养成，就需要将要点分析清楚，先按定式进行操作。在生产实践过程中，不断积累经验、提高作业技能水平后，根据现场实际情况选用合适的作业流程，确保安全距离，同时选择最优的空间换位路径，提高作业效率。

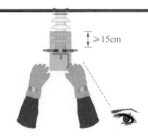

图 2-11　按照从下到上的顺序设置绝缘遮蔽时作业人员站位高度示意

二、接续线夹的遮蔽方法

引线接续线夹的装拆是很多常规带电作业项目的基本内容，接续线夹的绝缘遮蔽是保证作业安全的关键步骤。树脂绝缘毯（简称绝缘毯）广泛应用在配电网带电作业直接作业法的作业项目中。此例仅以绝缘毯展开叙述接续线夹的绝缘遮蔽方法，导线的遮蔽也可以使用硬质或软质导线绝缘遮蔽罩。

按照绝缘斗臂车的停位，"由近及远、先带电体后接地体"的设置原则，以及便于装拆线夹的要求，如图 2-12 所示，遮蔽线夹的顺序一般情况为①→②→③→④。即先遮蔽装置外侧导线，然后依次遮蔽引线和装置内侧引线，最后遮蔽接续线夹。图 2-12 中在某些环节特意标注了人员站位的位置。

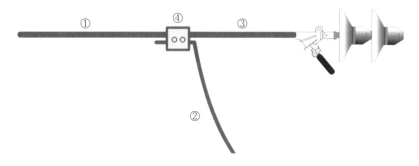

图 2-12　接续线夹的遮蔽顺序

绝缘毯有 800mm×1000mm、680mm×1200mm 等不同的规格，在使用时可以根据被遮蔽对象（如导线、线夹等）形状、大小的不同适当折叠，如图 2-13 所示。这样既可以增加包裹的厚度以提高绝缘遮蔽的绝缘效能，又能更好地贴合部件，遮蔽工艺更加美观。

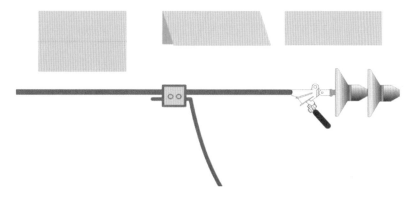

图 2-13　绝缘毯的使用

1. 遮蔽装置外侧导线

　　绝缘毯折叠成合适的形状后，将其放置在如图 2-14（a）所示的位置，一只手按住，另一只手从下方将绝缘毯往身体侧卷起，严密地裹住带电导体，如图 2-14（b）所示。注意，不要遮蔽住引线端子。这样的方法有利于减小作业人员的动作幅度，保证和其他电位物体之间的空间距离，并且在另一侧不易造成明显的间隙和空间。例如，作业人员站在导线外侧按照这样的方法依次遮蔽两边相导线后，作业人员处于两相导线之间，具有更好的保护作用。注意绝缘毯包绕的方向和方法，并应尽量控制动作的活动幅度。

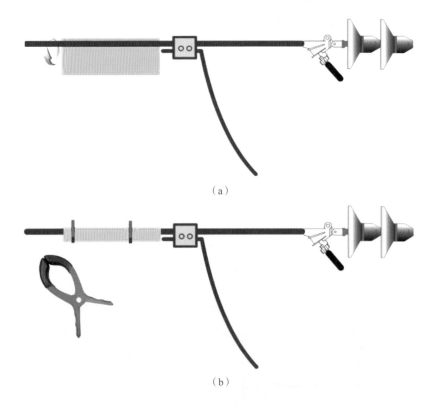

（a）

（b）

图 2-14　装置外侧导线的遮蔽

　　绝缘毯包裹严密是指，包裹后绝缘毯两侧边沿重叠的长度不小于 15cm。为防止绝缘毯松散不牢固，需用绝缘毯夹夹住。绝缘毯夹夹持的位置应考虑固定的效果，并为绝缘遮蔽组合之间的重叠预留一定的长度。

2. 遮蔽引线

遮蔽引线时，作业人员要注意站位，应处于图2-15所示位置，以保证足够的作业空间。

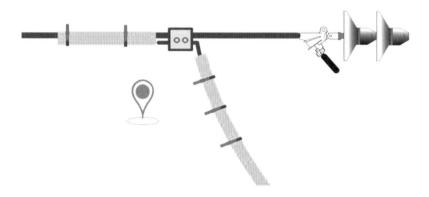

图 2-15　引线的遮蔽

3. 遮蔽装置内侧导线

遮蔽装置内侧导线时（即引线接线线夹与耐张线夹之间），作业人员宜处于图 2-16 所示位置，并且需注意绝缘斗臂车的工作斗不宜压住引线。

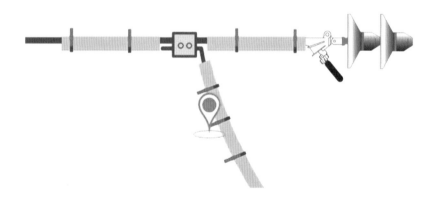

图 2-16　装置内侧导线的遮蔽

4. 遮蔽接续线夹

首先将遮蔽毯等分折叠，向下盖住线夹，注意绝缘毯与两边导线、引线上的绝缘遮蔽措施应有不小于 15cm 的重叠，如图 2-17（a）所示。然后将遮蔽毯沿红色虚线往身体处向上卷起，包裹成三角的形状用绝缘毯夹夹持固定，如图 2-17（b）所示。这样的遮蔽效果，取下线夹上的遮蔽措施后，可以完整漏出引线线夹，便于拆装。

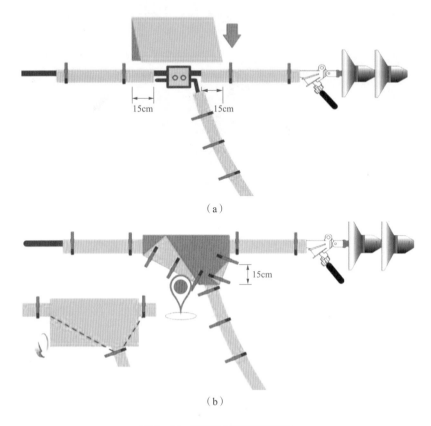

（a）

（b）

图 2-17　引线接续线夹的遮蔽

■ 第三节｜绝缘遮蔽的重叠长度

在对作业装置设置绝缘遮蔽措施时，强调绝缘遮蔽组合间要有 15cm 的重叠长度。这指的是，如果带电部分从绝缘遮蔽措施往外爬电，则爬电距离不小于 15cm，这样才会切实阻断遮蔽用具表面闪络放电的回路，保证作业的安全。在分析这个重叠长度时，要根据绝缘遮蔽用具的结构具体分析才能达到有效的目的。

以日制软质导线遮蔽罩（褐色）为例，其两端接头长度明显小于 15cm，如日制软质导线遮蔽罩两端的接头只有 6cm 和 5.5cm。但是掰开接头观察到内部也是波纹形状的（见图 2-18）。把这个波纹拉直的话，大小接头套在一起的爬电距离应该能满足 15cm 的要求，而且侧向破口的地方也有做处理（内部有起封闭作用的互相重叠的裙边）。从爬电距离的角度来看，允许使用该遮蔽罩。

（a）

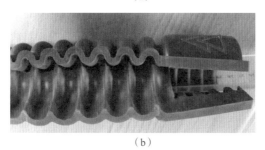

（b）

图 2-18　日制软质导线遮蔽罩接头结构

15cm 的重叠长度是按照绝缘配合导则推出来的。10kV 室内配电装置最小安全净距为 12.5cm，室外为 20cm。所谓安全净距，是指在过电压的情况下都不被击穿的最小空气距离（不包含人体活动范围），12.5cm 是指相对地、相间的最小空气距离。由于 10kV 配电网主要是中性点不接地系统（或经消弧线圈接地），在单相接地时可以继续运行，因此总体来说绝缘水平较高，相间、相对地的取值是一样的。带电作业时有温度、湿度和风力等严格要求，可以参照室内的安全净距 12.5cm 来推算，需要再加上 10%～15%（固体绝缘表面的绝缘性能由于受界面效应的影响，沿面放电电压比纯空气间隙的要低），这样就是 $12.5 \times [1+（10～15）\%] = 13.75～14.375$cm。工程上为安全起见，数值一般直接进位。

注意：固体介质表面不是绝对光滑的，存在一定的粗糙程度，使表面电场部分发生畸变，同时其表面电阻也不可能完全均匀，电压分布不均匀也导致其表面电场分布不均匀，因此沿面闪络电压比气体或固体单独存在时的击穿电压都要低，在潮湿脏污的条件下沿面闪络电压会明显降低。

第三章 绝缘承载装置的使用

■ 第一节 | 绝缘斗臂车的日常检查

绝缘斗臂车的臂架形式不同，在使用上有些差别，为保证作业的安全，日常检查的内容也有所差异。下面以直臂伸缩式绝缘斗臂车和折叠伸缩混合臂式绝缘斗臂车为例介绍绝缘斗臂车的日常检查。

一、直臂伸缩式绝缘斗臂车

以下内容相关的车型为 HYL5091JGKC（GN19，斗部带有小拐臂的直臂伸缩式绝缘斗臂车）。该车基本参数为工作斗额定载荷 280kg，最大作业高度为 19.3m，最大工作平台高度为 17.6m，最大作业半径为 11.3m，工作斗摆动角度为左右各 120°，底盘型号为 QL1100A8KAY。

1. 底盘检查

（1）检查项：启动后观察仪表盘内各类指示灯及指针指示是否运行正常，有无故障代码；发动机处请保持干净，如图 3-1 所示。

目的：避免出车作业时，底盘出现故障影响正常作业。

（2）检查项：检查轮胎气压是否正常，如图 3-2 所示。

目的：保证行驶过程的安全。

（3）检查项：备胎是否安装正确牢靠，气压是否符合要求；查看水箱、机油是否符合要求，如图 3-3 所示。

（a）　　　　　　　　　　（b）

图 3-1　表盘及发动机检查

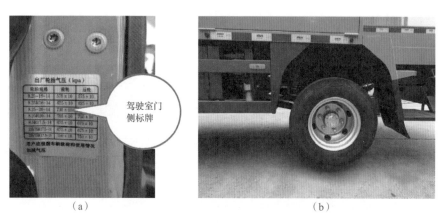

（a）　　　　　　　　　　（b）

图 3-2　检查轮胎气压

（a）　　　　　　　　　　（b）

图 3-3　检查备胎与水箱、机油情况

目的：保证行驶过程的安全。

2. 出车前的检查

（1）支腿检查（停放库内时，垂直支腿接地，轮胎微微接触地面，避免底盘大梁长时间负荷），如图 3-4 所示。

（a）　　　　　　　　　　　　　（b）

图 3-4　支腿检查

检查项：检查车辆周围有无异物，垂直支腿接地有无松动；注意查看垂直支腿是否有悬空。

目的：收回垂直支腿时防止碰撞本车。如有悬空，则有垂直支腿下沉情况。

（2）取力器检查如图 3-5 所示。

（a）　　　　　　　　　　　　　（b）

图 3-5　取力器检查

检查项：驾驶室内主操作电源开关按压时灵活无卡死；查看取力器有无漏油，运转时是否有异响。

目的：确保主要输出液压动力单元无损坏。

（3）液压油箱油位检查如图 3-6 所示。

图 3-6　液压油箱油位检查

检查项：检查液压油是否在规定值 L 线以上，如缺少则需要加注液压油。

目的：及时补充液压油，保证液压输出功率的稳定性。

（4）警示灯和紧固件检查如图 3-7 所示。

图 3-7　警示灯和紧固件检查

检查项：检查骑马螺栓固定有无松动；查看支腿警示灯有无破损。

目的：预防高空作业及行驶的稳定性及夜间作业安全性。

3. 作业过程中的性能检查（下部操作）

（1）操作面板确认如图 3-8 和图 3-9 所示。

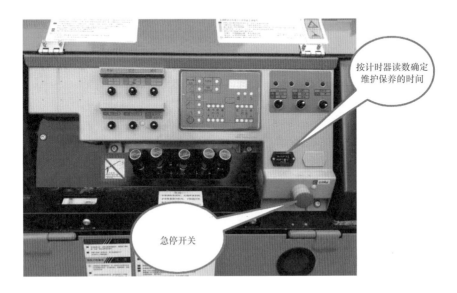

按计时器读数确定维护保养的时间

急停开关

图 3-8　操作面板确认 1

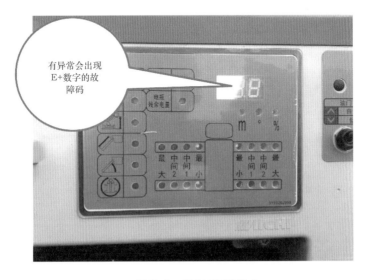

有异常会出现 E+数字的故障码

图 3-9　操作面板确认 2

　　检查项：检查各个按钮有无破损或使用不灵活的情况；使用作业前检查按钮操作，利用程序控制器对各个动作的状态数值进行检查；检查工作时间是否到达说明书规定保养时间；检查急停开关是否起作用；保证支腿操作阀手柄处无异物、无卡死情况。

　　目的：通过各项操作检查确认高空坐车基本情况，如有异常显示屏会出现故障代码，请与服务点联系。

　　（2）操作支腿检查如图3-10所示。

图3-10　操作支腿检查

　　检查项：确认支腿按工况正确接地牢靠，要求整车保持水平；目测支腿无变形、无磨损；伸缩支腿时无异响；保证水平支腿伸缩无异物；至少每周一次检查垂直和水平支腿要求润滑处是否缺润滑脂（垂直支腿4边，水平支腿下方，均匀润滑）。

　　目的：通过支腿操作，保障上部动作时平稳。

　　（3）工作斗检查如图3-11所示。

（a）　　　　　　　　　　　　　　（b）

图3-11　工作斗检查

检查项：查看在操作中工作斗是否保持平衡状态，如有倾斜需调整后再作业；检查工作斗外斗和罩壳是否破损。

目的：确保作业过程中绝缘斗保持平衡，金属件无暴露在外的情况。

（4）工作臂的检查如图 3-12 所示。

 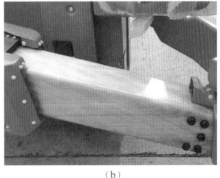

（a）　　　　　　　　　　　　　　　　（b）

图 3-12　工作臂的检查

检查项：查看第一节臂罩壳有无变形、破损（主要头部罩壳内有充电装置）；查看第二节臂是否有磨损，工作臂上 4 面 8 边按要求均匀抹涂润滑脂；查看第三节绝缘臂是否有磨损划痕，头部充电装置罩壳是否破损，安装是否松动，绝缘臂保持干净、干燥。本车为内置式绝缘臂，能够有效保证主要零部件使用寿命，所以在伸缩动作时，确认臂架上无杂物。

目的：通过对臂架检查，提高整车性能，保障安全作业。

（5）绝缘斗内衬检查如图 3-13 所示。

绝缘防护板
不要松动

（a）　　　　　　　　　　　　　　　　（b）

图 3-13　绝缘斗内衬检查

检查项：检查绝缘斗内衬是否有磨损、裂开，斗防护板安装是否松动；确保工作斗内衬干净，如有杂物或水，应立即通过调平装置进行清理。

目的：保证作业操作中安全，提高作业零部件使用寿命。

（6）斗部电器和零件检查如图 3-14 所示。

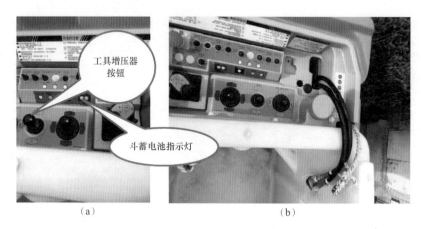

（a） （b）

图 3-14　斗部电器和零件检查

检查项：检查各项按钮开关及操作手柄操作是否灵活；通过蓄电池检测按钮检查斗部蓄电池残余用量；平常登高作业时，检查工具增压器按钮是否在中位；检查液压工具软管及安全绳是否安装牢靠。

4. 其他部件检查

（1）斗部小吊及接地盘检查如图 3-15 所示。

图 3-15　斗部小吊及接地盘检查

检查项：检查小吊的安全绳是否有磨损、老化；小吊挂钩在行驶过程中必须挂在插销上；检查右侧工具箱内接地盘安装是否牢靠。

目的：确保在作业中和行驶的安全。

（2）臂托架检查如图 3-16 所示。

图 3-16　臂托架检查

检查项：检查臂托架的行程开关摇杆是否灵活，滚轮要求安装牢固；托架缓冲垫定期检查有无松动，磨损严重时需更换；臂架尾部的传感器和罩壳切勿碰撞并保持没有异物卡住；转台罩壳安装完好防止变形，内有工作斗调平装置及液压元件。

5. 作业完毕检查

（1）斗托架的确认如图 3-17 所示。

图 3-17　斗托架的确认

检查项：检查在收回工作臂后确认斗是否使斗托架压到位。

目的：防止未压到位长时间停放后出现故障代码影响工作。

（2）油路检查如图 3-18 所示。

图 3-18　油路检查

检查项：查看转台及其他软管是否有漏油；查看各油缸活塞及油封是否有磨损和漏油。

目的：通过目测检查防止出车故障。

（3）回车库停放后的检查如图 3-19 所示。

图 3-19　回车库停放后的检查

检查项：每次作业完成停放车库时需将垂直支腿接地，轮胎微微接地。

目的：避免底盘长时间负荷。

二、折叠伸缩混合臂式绝缘斗臂车

相关车型为 XHZ5130JGK，折叠伸缩混合臂式，基本参数如下：工作斗载荷

280kg，绝缘等级 C 级，最大作业高度为 20m，最大作业幅度为 12.1m，额定起重量

为 450kg，底盘为庆铃底盘。

1. 整体外观

整体外观如图 3-20 所示。

图 3-20　整体外观

（1）检查方法：目测车辆是否清洁，结构完好。

（2）检查目的：展现优良形象。

2. 底盘

（1）检查方法：目测检查底盘、仪表盘是否有故障代码，如图 3-21~图 3-27 所示。

（2）检查目的：避免作业时底盘出现故障影响作业。

（a）

（b）

图 3-21　仪表盘无故障任何代码

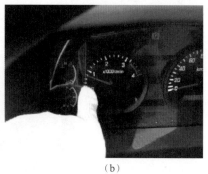

（a）　　　　　　　　　　　　　　　（b）

图 3-22　发动机转速达到 800r/min

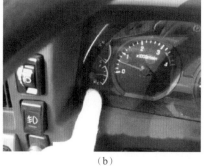

（a）　　　　　　　　　　　　　　　（b）

图 3-23　燃油能满足作业要求

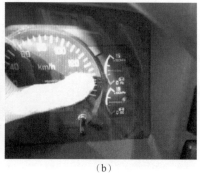

（a）　　　　　　　　　　　　　　　（b）

图 3-24　气压达到 5MPa 以上

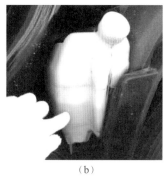

（a）　　　　　　　　　　　（b）

图 3-25　发动机水箱不得缺水

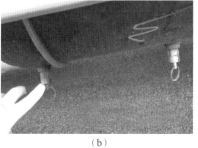

（a）　　　　　　　　　　　（b）

图 3-26　底盘储气罐及气管不得漏气

（a）　　　　　　　　　　　（b）

图 3-27　检查发动机机油是否缺少

3. 臂架关节结构检查

（1）检查方法：目测检查臂架关节是否松动、缺少，如图 3-28～图 3-36 所示。

（2）检查目的：避免作业时臂架销轴脱落造成机械事故。

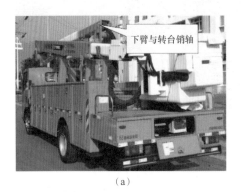
（a）

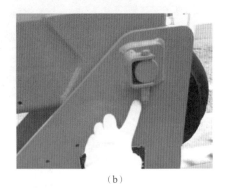
（b）

图 3-28　下臂与转台轴销检查

（a）

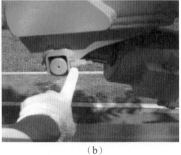
（b）

图 3-29　下臂油缸前销轴检查

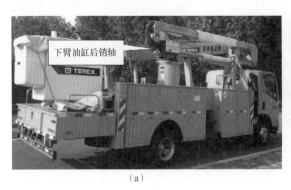
（a）

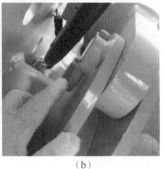
（b）

图 3-30　下臂油缸后销轴检查

（a） （b）

图 3-31 上臂与关节销轴检查

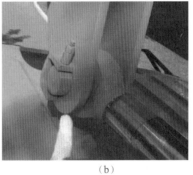

（a） （b）

图 3-32 上臂油缸前销轴检查

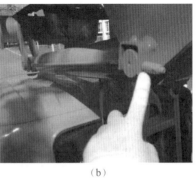

（a） （b）

图 3-33 上臂油缸后销轴检查

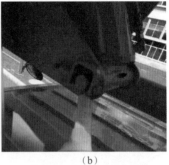

（a）　　　　　　　　　　　　　（b）

图 3-34　主调平油缸下轴销检查

（a）　　　　　　　　　　　　　（b）

图 3-35　主调平油缸上轴销检查

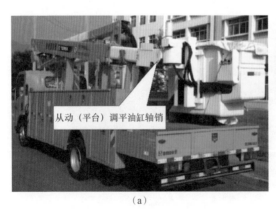

（a）　　　　　　　　　　　　　（b）

图 3-36　从动（平台）调平油缸轴销检查

4. 检查上装液压部件是否有漏油现象

（1）检查方法：目测检查上装各关键液压件是否渗漏油，如图 3-37~图 3-47 所示。

（2）检查目的：避免作业时渗漏油点在高压油（20MPa）的冲击下，破损后液压油大量流失，造成液压油缺失后车辆无法动作。

（a）

（b）

图 3-37 取力器有无渗漏

（a）

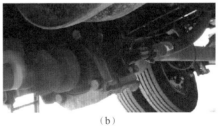
（b）

图 3-38 齿轮泵有无渗漏

（a）

（b）

图 3-39 转台多路阀及油管接头有无渗漏

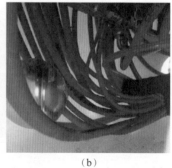

（a）　　　　　　　　　　　　　　　　（b）

图 3-40　平台多路阀及油管接头有无渗漏

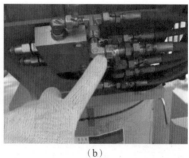

（a）　　　　　　　　　　　　　　　　（b）

图 3-41　转台调平平衡阀及管路接头有无渗漏

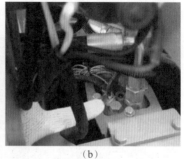

（a）　　　　　　　　　　　　　　　　（b）

图 3-42　转台中心回转体及油管接头有无渗漏

（a）　　　　　　　　　　　（b）

图 3-43　下臂油缸杆封有无渗漏

（a）　　　　　　　　　　　（b）

图 3-44　上臂油缸杆封有无渗漏

（a）　　　　　　　　　　　（b）

图 3-45　应急电动泵油管接头有无渗漏

（a） （b）

图 3-46 上下车互锁电磁换向阀及接头有无渗漏

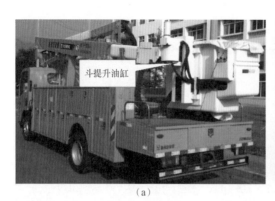

（a） （b）

图 3-47 斗提升油缸及接头有无渗漏

5. 检查清洁绝缘臂、外工作斗

（1）检查方法：目测检查上臂主绝缘、下臂辅助绝缘、绝缘外斗是否清洁，如图 3-48~图 3-52 所示。

图 3-48 绝缘外斗目测检查或清洁

（2）检查目的：是否有影响玻璃钢绝缘值的污染堆积物，避免增大泄漏电流，造成安全隐患。

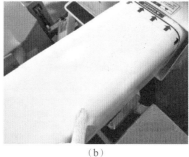

（a） （b）

图 3-49　上臂主绝缘段目测检查或清洁

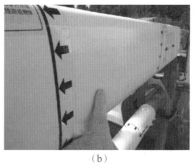

（a） （b）

图 3-50　下臂辅助绝缘段目测检查或清洁

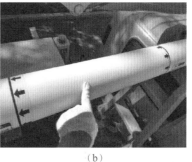

（a） （b）

图 3-51　下臂拉杆辅助绝缘段目测检查或清洁

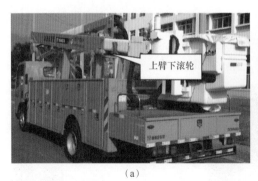
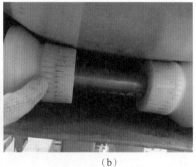

（a）　　　　　　　　　　　　　　（b）

图 3-52　上臂下滚轮目测检查或清洁

6. 检查小吊绳索

（1）检查方法：目测检查是否有磨损、扯断、切割或其他缺陷，如图 3-53 所示。

（2）检查目的：作业过程中使用小吊时，确保起重安全。

（a）　　　　　　　　　　　　　　（b）

图 3-53　小吊钩完好无缺损、吊绳清洁无磨损等缺陷

7. 检查标识

（1）检查方法：目测检查各操作标识无缺失，如图 3-54～图 3-61 所示。

（2）检查目的：避免误操作造成的安全隐患。

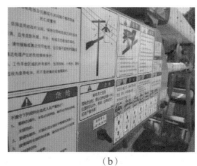

（a） （b）

图 3-54　目测转台各标识完整

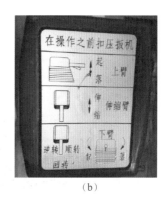

（a） （b）

图 3-55　目测平台操作手柄标识清晰

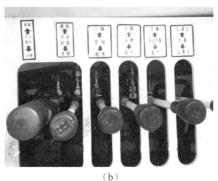

（a） （b）

图 3-56　平台辅助操作手柄标识清晰

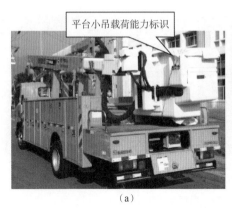

平台小吊载荷能力标识

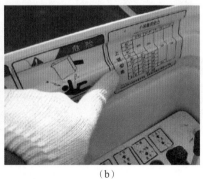

（a）

（b）

图 3-57　平台小吊载荷能力标识清晰

上臂仰角标识

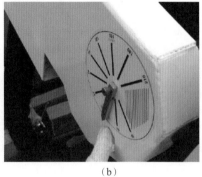

（a）

（b）

图 3-58　上臂仰角标识清晰

上下车互锁应急标识

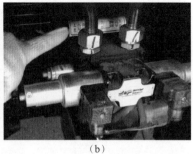

（a）

（b）

图 3-59　上下车互锁应急标识清晰

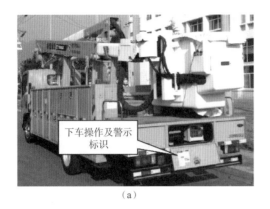
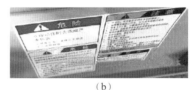

（a）   （b）

图 3-60　下车操作及警示标识清晰

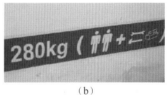

（a）   （b）

图 3-61　工作平台额定载荷标识清晰

8. 检查绝缘内斗

（1）检查方法：目测检查内斗无明显（超过 1mm）划痕，如图 3-62 所示。

（2）检查目的：避免绝缘内斗因未到达有效绝缘强度而造成安全隐患。

9. 检查液压油的油位

（1）检查方法：目测油位应处于上油标，液压油无变质乳化现象，如图 3-63 所示。

（2）检查目的：避免工作中因液压油缺失而使齿轮泵吸入空气进入管路，造成绝缘强度降低、动作出现抖动、臂架自动下沉等安全隐患。

10. 检查主油泵压力

（1）检查方法：通过操作下车多路阀手柄使液压系统处于溢流状态，观察压力表达到 19Mpa，如图 3-64 所示。

（2）检查目的：检查上装压力正常，保证液压系统满足使用要求，避免速度过慢。

绝缘内斗

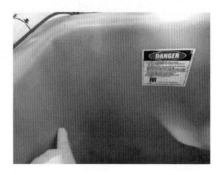

图 3-62　绝缘内斗无划伤

液压油标尺

图 3-63　液压油油标尺的 3/4 以上

压力表

图 3-64　系统压力达到 19MPa

11. 测试应急电动泵

（1）检查方法：通过操作下车应急泵按钮确认应急电动泵工作正常，如图 3-65 所示。

（2）检查目的：保证在作业时，需要应急时可以启用应急电动泵。

图 3-65　应急电动泵、应急电动泵按钮检查

12. 其他测试

（1）检查软腿检测是否正常。

（2）检查急停按钮是否复位，如图 3-66 所示。

（3）检查工作小时表是否工作正常。

（4）确认平台急停按钮是否复位。

（5）检查车辆是否处于电气性能检测有效期内，如图 3-67 所示。

图 3-66　检查急停按钮是否复位

图 3-67　检查车辆是否处于电气性能检测有效期内

■ 第二节｜绝缘斗臂车的接地

绝缘斗臂车支腿停放后，由于沥青路面具有绝缘特性，支腿接触地面的实际接触面积导致接触效果并不良好等原因，需要用专用接地装置将绝缘斗臂车底盘接地。接地的作用如下：

（1）消除底盘在高压电场下静电感应引起的接触电压触电。

（2）上部绝缘臂在过电压作用下击穿，电流通过车体，在底盘上产生压降，避免接触电压触电。

专用接地装置的规格：接地线为截面面积不小于 $25mm^2$ 的具有透明护套的软铜线，临时接地体的埋深不小于 0.6m。绝缘斗臂车底盘的接地属于保护接地，因此接地电阻阻值满足不大于 30Ω。但容易让人疏忽的是，绝缘斗臂车底盘接地时应将接地线从绞盘上充分展放出来。在展放接地线的过程中可以检查其护套有无破损和线股有无变形、断股，以及检查接地线与车身的接触情况，如图 3-68 和图 3-69 所示。

图 3-68　检查接地线
与车身的接触情况

图 3-69　保护接地检查

图 3-70 所示未展放接地线是错误的。接地线缠绕在卷筒上时，就形成了一个线圈（没有铁芯），其匝间绝缘为透明的护套。线圈的自感系数 L 与线圈的材料、形状、大小、匝数等因素有关。线圈面积越大、线圈越长、单位长度匝数越密，它的自感系数就越大。当然，这个由接地线组成的线圈比有铁芯的线圈的自感系数要小得多。

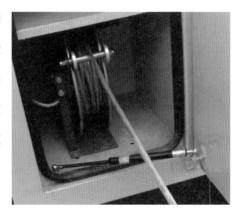

图 3-70 错误图示

当接地电流流过绝缘斗臂车底盘的接地装置时，绝缘斗臂车底盘的对地电压 U 为

$$U = I \cdot \sqrt{X_L^2 + R_J^2}$$

式中：R_J 为接地电阻；X_L 为接地线线圈的感抗。显然未展放接地线时，绝缘斗臂车底盘的对地电压要比接地线充分展放时的对地电压（ $U = IR_J$ ）大。假如发生接触电压的触电，其伤害程度更大。

▌第三节│绝缘平台的使用

随着农村电网可靠性要求的提高，中压架空线路带电作业越来越得到普及。但由于农村道路的局限性，通常采用绝缘杆作业法实施作业。该种作业法劳动强度大、施工工艺质量相对较差。借助绝缘平台实施绝缘手套作业法和绝缘杆作业法，可以弥补脚扣或登高板登高绝缘杆作业法的某些不足。

1. 装置特点与个人安全保护

从图 3-71 和图 3-72 可以看出，绝缘平台安装的电杆均是木杆，而且杆上没有拉线、接地引下线等构件。图 3-71 中作业人员采用的是绝缘杆作业法，个人安全保护相对简陋。这是因为美国虽然在带电作业过程中将木制电杆视为地电位构件，但实际上良好天气下木杆具有良好的绝缘性能，且绝缘杆又起到主绝缘保护的作用，导线相间的距离很大，作业中不存在引发"相对地"短路的可能。

而我国普遍采用具有导电性能的混凝土
电杆，作业人员更倾向于采用绝缘手套作业
法，距离带电体和电杆都非常近，作业中发
生"相对地""相间"短路的概率就比较高，
这是非常危险的。因此，需要作业人员采取严
密的个人安全防护措施，如穿戴绝缘帽、绝
缘衣、绝缘裤、绝缘靴等全套绝缘防护用具。

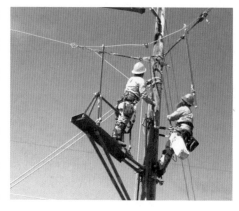

图 3-71　美国绝缘平台绝缘杆作业法作业

并且在"带电导体—人—绝缘平台—大地"这
个回路中绝缘平台应有 0.4m 及以上（10kV 系统）的有效绝缘长度作为主绝缘保护。

图 3-72　美制绝缘平台

（a）美国合保带有 A 形防护架的绝缘平台；（b）美国 Hastings 的简易绝缘平台

从图 3-73 中明显看出作业人员防护措施不够完备。

2. 绝缘平台对装置的要求

直线电杆和采用过引线的中间段耐张电杆的装置结构较为简便，没有过多的附属构件，
便于绝缘平台的安装。但是我国推崇架空线路的绝缘化，即使是农村也大量使用绝缘导线。
为防止雷击断线事故，通常在直线杆上也安装防雷金具、过电压保护器和防雷绝缘子等，
需要在电杆上安装接地引下线。接地引下线、拉线、电缆登杆等都限制绝缘平台的安装。

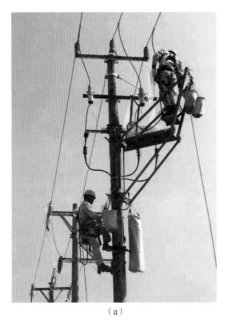

（a）　　　　　　　　　　　　　（b）

图 3-73　国内绝缘平台绝缘手套作业法现场实践

（a）更换跌落式熔断器；（b）更换耐张绝缘子串

3. 绝缘平台的机动性

目前，结构最简单的绝缘平台自重为 10kg 左右，具有升降旋转功能的组合绝缘平台自重可达 30~50kg。绝缘平台的重量、安装过程的便利性都影响了其推广应用。并且绝缘平台的作业范围较小，只能围绕电杆形成较小的作业区间，发生人员安全事故时不可能即时将其撤离，无法进行距离电杆装置较远的线路上的消缺工作。其机动性远不如绝缘斗臂车，且绝缘平台上的绝缘手套作业法安全性不如绝缘杆作业法。

■ 第四节｜履带自行式绝缘平台的使用

在山区、农村开展配电网不停电作业往往会受到地形条件的限制，如车辆不能通行，绝缘斗臂车无法达到作业装置下面等，如图 3-74 所示。对于稍微复杂一些的装置和工作任务，采用脚扣登杆的绝缘杆作业法实施作业的效率低、安全性差。

履带自行式绝缘平台在一定程度上可作为绝缘斗臂车、脚扣登高进入带电作业区域的一种补充。履带自行式绝缘平台属于非机动车辆，采用橡胶履带式底盘；使用柴油，但无环保排放要求，无须上牌；采用轻量化设计，出行与布置方便，对地面承重要求低；可满足丘陵地区、狭窄地带的特殊使用要求，对坡度要求低。

图 3-74　履带自行式绝缘平台作业中的场景

以下关于履带自行式绝缘平台的内容来自国网浙江温岭供电有限公司的实践经验，该公司从 2018 年 5 月引入该平台后，至 9 月底已开展 100 多次作业。

1. 履带自行式绝缘平台的基本参数

库房中的履带自行式绝缘平台如图 3-75 所示。履带自行式绝缘平台技术参数见表 3-1。其与混合臂绝缘斗臂车的外形对比如图 3-76 所示。

图 3-75　库房中的履带自行式绝缘平台

表 3-1　履带自行式绝缘平台技术参数表

序号	参数	值	序号	参数	值
1	品牌	美国 TIME	11	最大允许风速	12.5m/s
2	底盘品牌	意大利 HINOWA	12	工作斗承重	200kg（2 人 +40kg 的器材）
3	型号	VST-52-1	13	液压系统工作压力	185kg/cm^2
4	额定电压	46 kV	14	点火装置	Kubota 柴油底盘，12V 点火开关
5	高架装置形式	混合臂式（即折叠 + 伸缩）	15	底盘横向 / 纵向最大倾角	10°/10°
6	绝缘上臂长	1.07m+1.0m	16	履带轮（高 × 宽 × 长）	33cm×23cm×202cm
7	绝缘下臂长	0.305m	17	履带轮调节幅度	左右伸缩幅度 1.0 ~ 1.5m
8	最大平台高度	16m	18	支腿形式	蛙式，一键自动支腿找平作业平台，最大支撑投影面积为 4.6m×4.6m
9	作业高度	18m	19	整机尺寸（长 × 宽 × 高）	7.19m×1.3m×2.3m
10	最大作业半径	11m	20	整车重量	3.9t

图 3-76　与混合臂式绝缘斗臂车的外形对比

2. 履带自行式绝缘平台的转运

履带自行式绝缘平台可以用平板式装载车运输到施工现场旁的公路，如图 3-77（a）所示。拖车载重能力不小于 5t，平板长度为 7m，需要用绑带固定。履带自行式绝缘平台能以 10km/h 的速度，穿越农田、山地等非铺装地面到达工作位置。当地面坡度太大或有水域等时，也可以用大跨度的吊车将履带自行式绝缘平台吊到合适位置，再自行到工作位置，如图 3-77（b）所示。

（a）

（b）

图 3-77 履带自行式绝缘平台的运输和转运

（a）平板车运输；（b）吊车转运

图 3-78 为履带自行式绝缘平台的控制器，相当于汽车的驾驶盘。其可以控制履带自行式绝缘平台发动机启动，前后行进，左右转弯，自动支腿的，可挂在胸前进行操作。控制器上右边黑色的第一个为启动开关；"5"为大小节气门开关；红色按钮为急停按钮；"0"为柴油加热开关；"1，2，7"为支腿撑、收开关；"3，9"为履带伸、缩开关。控制器的左侧显示屏可显示故障代号。

图 3-78　履带自行式绝缘平台的控制器

3. 高架装置的操作

该履带自行式绝缘平台高架装置的操作与美国 TIME 混合臂式绝缘斗臂车的操作一致。下部操作平台（见图 3-79 和图 3-80）和斗部的上部操作台（见图 3-81）之间具有切换装置。

图 3-79　在下部操作台操作

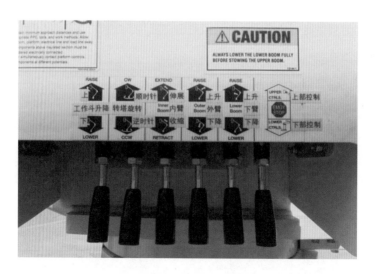

图 3-80　下部操作台

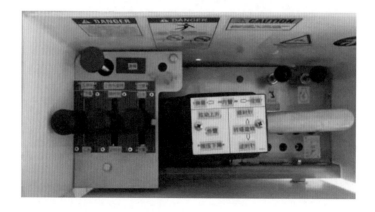

图 3-81　上部操作台

4. 绝缘工作斗

工作斗可左右 180° 摇摆，具有主 / 从液缸找平工作斗功能，并可手动操作翻转（见图 3-82），便于排水和清洁卫生。工作人员可从车上进入工作斗，也可将工作斗移至地面后进入。

5. 安全装置

履带自行式绝缘平台具有急停装置（见图 3-78 和图 3-81 中红色按钮），以防止意外；具有工作臂和支腿互锁装置，以确保车辆不因误操作而引起倾翻；具有上臂角度限

图 3-82　操作翻转工作斗

位及自动停止装置；备有应急泵，在发动机和泵出现意外时，操作应急泵使工作斗内的工作人员安全降落。

6. 作业案例

在软土地面支腿时，应在支腿下垫放不小于 50cm×40cm，厚度约为 20cm 的枕木。当地面坡度较大时，也可以借助不同厚度的枕木进行找平。现场应用作业案例如图 3-83～图 3-86 所示。由于履带自行式绝缘平台不能乘人和携带工器具，宜和绝缘工器具的库房车配套使用。

图 3-83　带电断、接跌落式熔断器上引线

图 3-84　带电安装柱上断路器

图 3-85　带电立杆

图 3-86　带电更换耐张绝缘子串

　　履带自行式绝缘平台的底盘低，穿越农田、山地等普通斗臂车无法通行的非铺装地面过程中容易造成前发动机、后油箱和异物发生磕碰（前面的离地间隙约为 25cm，后面离地间隙约为 30cm），造成发动机熄火。履带自行式绝缘平台右后支腿与绝缘工作斗停放位置需要优化，防止平台在拖车运输过程发生磕碰造成绝缘工作斗损坏。

第四章 带电断、接引线

■ 第一节│绝缘斗臂车绝缘杆作业断、接引线

配电网架空线路带电作业方法按照人员所处电位都属于"中间电位"作业法，按照使用的安全用具不同，分为绝缘手套作业法（直接作业法）与绝缘杆作业法（间接作业法）。在配电网带电作业发展的初期，由于个人安全防护用具的限制，绝缘杆作业法使用的比较普遍，但也因为绝缘操作工具的灵活性较差、有效性不够和功能单一等因素，不能较为完美地实现劳动者的作业意图和完成复杂的作业项目，及作业人员视线（从下往上）、操作方向（从下往上）等的原因，能够开展的作业项目相对也较少，一般只应用于断、接跌落式熔断器上引线、分支线引线等项目。随着绝缘服、绝缘手套、绝缘帽，特别是绝缘斗臂车的引入，绝缘手套作业法由于具有灵活、作业相对便利、劳动强度相对较小，能开展的项目也较多，检修工艺质量好的优点，很快被大家接受。并且由于当时配电网带电作业主要在城网开展，绝缘杆作业法很快被绝缘斗臂车绝缘手套作业法替代了。绝缘手套作业法虽然灵活性好，但需要作业人员深入带电装置，有触电的危险，因此必须穿戴个人绝缘防护用具，及对作业范围内的异电位物体进行严密的绝缘遮蔽，工作量大、风险高。绝缘斗臂车绝缘杆作业法能很好地结合脚扣登杆的绝缘杆作业法和绝缘斗臂车绝缘手套作业法的优点。

一、绝缘斗臂车绝缘杆作业法

2017 年 12 月 20 日，国网浙江省电力有限公司运维检修部组织观摩了日本绝缘杆作业法项目，并在会后进行了交流。现场演示（见图 4-1）的项目如下：①绝缘斗臂车绝缘杆作业法更换耐张绝缘子；②绝缘斗臂车绝缘杆作业法"桥接法"开断导线（见图 4-1）。

图 4-1　绝缘斗臂车绝缘杆作业法"桥接法"演示

在日本基本没有类似脚扣、登高板等登高工具，作业人员在电杆上使用很长的绝缘操作杆实施绝缘杆作业法这样的作业方式，而是强制规定使用绝缘斗臂车绝缘杆作业法（注意不能使用普通的登高车）。对于绝缘斗臂车不能到达的位置，采用"桥接法"最大限度形成有限停电范围，挂设接地线后对故障设备进行停电检修。虽然对"桥接法"大家都有所了解，但对"绝缘斗臂车绝缘杆作业法更换耐张绝缘子"还是陌生的。由于带电作业事故的频发，日本 9 个电力公司于 1990 年，开始思考改变传统的绝缘斗臂车绝缘手套作业的方式。其中一家电力公司尝试开展绝缘斗臂车绝缘杆作业法，大约通过 5 年的时间达成共识后在全日本推广应用。

绝缘斗臂车绝缘杆作业法可使作业人员远离带电设备，提高作业安全性，因此日本电力公司的作业人员穿着普通棉质工作服（不具备防电弧功能）和戴防滑的普通手套，不要求穿戴绝缘服（或披肩）和绝缘手套，但要求戴绝缘安全帽（内置防电弧面屏）。由于减少了绝缘服等个人防护用具，降低了作业人员劳动强度。

基于不同专业岗位工作中作业环境、安全措施和技术措施、作业习惯等的不同，在带电作业人员管理方面曾经有过以下规定：①带电作业人员不宜与其他专业带电作业人员、停电检修人员混岗；②配电网不停电作业人员应与其他专业带电作业人员分开管理，严禁混岗。例如，在 2000 年左右，某地市公司在组建配电网带电作业班组时分别成立绝缘杆作业法和绝缘手套作业法工作小组，并在人员管理上要求禁止混岗。

在目前配电网广泛开展带电检测、带电检修和带电进行负荷切割的工作要求的前提下，国家电网有限公司提出了配电网不停电作业的概念。在 10kV 架空线路带电作业方法应用选择时，部分单位提出了使用高架车作为工作平台的绝缘杆作业法，并开展了实践。在高架车上开展绝缘杆作业法作业，作业人员克服了脚扣或登高板登杆由下往上的单一操作方向的缺点，可以多空间维度（如从上往下，从左右两侧水平，从下往上）对作业对象进行操作，具有较高的灵活性；该作业方式相对于绝缘手套作业法来说，通过绝缘杆延伸了作业人员的作业范围，可避免作业人员深入带电作业区域，减少由于作业人员触发相间、相对地短路的风险，减少断、接引线项目中电弧对人的伤害。

在具体的实践工作中，高架车分为路灯车和带电作业用绝缘斗臂车。由于路灯车体型小，对道路要求不高，装备成本不大，可以解决装备不足的缺陷，借助路灯车可以补偿脚扣登杆绝缘杆作业法灵活性、有效性不足和施工工艺质量不佳的缺点，因此被视作农网开展带电作业的有效手段。但是，为了保证作业安全，必须认清路灯车和绝缘斗臂车在绝缘杆作业中的作用及安全防护要求。

路灯车：带电导体→绝缘杆（绝缘手套）→路灯车（大地）。绝缘杆为作业中的主绝缘保护工具（有效绝缘长度不小于 0.7m），绝缘手套、绝缘披肩、绝缘安全帽为辅助绝缘保护用具。作业中还需与带电导体保持不小于 0.4m 的空气距离。

绝缘斗臂车：带电导体→绝缘杆（绝缘手套）→绝缘斗臂车→大地。作业中的主绝缘保护工具既可以是绝缘杆（有效绝缘长度不小于 0.7m），又可以是绝缘斗臂车（有效绝缘长度不小于 1.0m）。同样，绝缘手套、绝缘披肩、绝缘安全帽为辅助绝缘保护用具。原理上，只要有一个主绝缘保护工具就可以保证作业人员的安全，如图 4-2 和图 4-3 所示。

图 4-2　绝缘斗臂车绝缘杆作业法接引线

图 4-3　绝缘斗臂车绝缘杆作业法搭接分支线路引线

也有人认为，绝缘杆作业法作业中，作业人员无须穿戴绝缘安全帽和绝缘披肩，甚至于无须使用带电作业用绝缘手套，或只需使用一般的绝缘手套就可以。但编者不敢认同。这是因为作业人员的作业习惯、作业中的视觉盲区和作业装置条件、装备条件的不同最终都会影响作业的安全。例如：

（1）作业习惯。如图 4-2 所示，作业人员虽然使用操作杆在搭接引线，但是引线触碰到绝缘操作杆手持部位，失去了绝缘杆的保护，假如此时不能保证绝缘斗臂车绝缘臂的有效绝缘长度将带来极大的安全风险。如图 4-3 所示，横担和分支线路的绝缘遮蔽措施明显是作业人员采用直接作业方式实施的，但搭接引线又采用了绝缘杆作业法，此处有疑问的地方是引线搭接完毕，怎样拆除分支线路上的绝缘遮蔽措施（当然有人会说可以用操作杆，取绝缘毯可以用带有绝缘夹钳的操作杆）。图 4-3 中，如果将绝缘斗臂车作为主绝缘保护的工具，那么绝缘杆只是延伸作业人员作业范围的辅助工具，直接作业法即可。

（2）视觉盲区。例如，作业人员的头顶、后备就是视觉盲区，在较为复杂的作业装置上作业，作业人员可能处于装置中间靠下的位置，由于站位的问题，周边仍然存在带电导体，作业中的带电部位也在变化中（图 4-2 中，引线未搭接前，主导线为带电设备，当一相引线搭接后，分支均应视作带电设备）。

（3）装备。很多人将美国配电网带电作业绝缘杆作业法和绝缘手套作业法融合来说明在我国推行这种方式的正确性，但大家忽略了一件事，美国常用的绝缘斗臂车是带有下部基本绝缘段的混合臂或曲臂绝缘斗臂车，即使上部绝缘臂没有伸出足够的有效绝缘长度，绝缘杆在作业中失去了主绝缘保护，作业人员在相对地的回路中还是有保护的。而我国除使用这类车外，还大量使用日制的只有绝缘上臂的直臂伸缩式绝缘斗臂车。

严谨细致作业习惯的养成需要时间，在相关的配电网不停电作业人员管理中对此有具体要求，既要求作业人员主观上改变作业思维，又需要经过严格的训练和培训。在目前的人员素质、架空线路装置结构等前提下，开展高架车绝缘杆作业法，建议：

（1）在城网采用带有下部绝缘段的曲臂或混合臂式绝缘斗臂车，以绝缘斗臂车下部基本绝缘段为相线对大地之间的主绝缘保护，绝缘杆主要用于延伸作业人员作业范围，减少作业人员深入带电作业区域的次数，也可以作为断、接引线项目中转移、临时固定引线时的绝缘手工工具。作业方法也就不局限于绝缘手套作业法和绝缘杆作业法了。

（2）在农网采用路灯车开展绝缘杆作业法，绝缘杆的基本长度不少于 1.5m，作业中绝缘操作工具的有效长度无论哪个时刻（如带电部位变化后）都应保证不少于 0.7m，并正确合理地使用个人绝缘安全防护用具。

二、绝缘斗臂车绝缘杆作业法接引

如图 4-3 所示，绝缘斗臂车绝缘杆作业法搭接分支线路引线的简要流程如下：

（1）作业人员穿戴绝缘手套、绝缘安全帽进入绝缘斗臂车绝缘斗内，扣好安全带。

（2）操作绝缘斗臂车，绝缘斗升空至离带电设备 1.5m 处，用高压验电器验明设备无漏电现象。

（3）在主导线搭接引线的部位，用测量杆测量导线的绝缘厚度后，用杆式绝缘导线剥皮器（见图 4-4）依次剥除三相导线的绝缘层，并用绝缘杆式导线清洁刷清除导线上的金属氧化物。

图 4-4　杆式绝缘导线剥皮器

（4）用 3 副 J 形线夹操作杆分别锁住分支线路的三相引线，调整好引线的长度后，将操作杆挂在分支横担的构件上。注意，已搭接相分支线路导线对其他两相导线有静电感应现象，分支线路的三相引线均应视为带电体，因此，工作人员不能直接接触，须使用 3 副 J 形线夹操作杆。

（5）按照先中间相、再两边相的顺序依次搭接分支线路的三相引线，如图 4-5 所示。

注意：由于主导线按照水平布置的方式排列，在搭接引线时，不需要对导线进行绝缘遮蔽。在所有操作环节，绝缘杆均应保持 0.7m 的有效绝缘长度，作业人员与带电设备的距离不小于 0.4m。

图 4-5　J 形线夹操作杆搭接引线

■ 第二节 | 带电断、接引线作业点选择

断、接引线是配电架空线路带电作业的基本技能，很多作业项目可以归结到断、接引线，如更换开关类设备、更换避雷器等。为保证作业的安全，作业中必须有足够的作业空间以保证安全距离，同时要避免人体串入电路。为了避免引线失去控制引发事故，作业中不宜带电迁移带电引线。下面以更换跌落式熔断器为例简要阐述。更换跌落式熔断器的原因可能是电气性能或力学性能受到破坏，这样在其上接线柱处拆、装引线可能不现实。

1. 断分支杆跌落式熔断器引线时的作业点选择

分支杆如采用 1500mm 长的横担，则其中两只熔断器安装在电杆一侧，中心间距为 0.5m，中间一相熔断器离电杆的距离约为 0.2m。更换分支杆跌落式熔断器，绝大多数人员乐于在主导线上拆除熔断器引线以保证有足够的作业空间，并将引线往下逐步圈好固定在熔断器的上接线柱处。为避免圈好的引线弹跳触碰到邻相未断开的带电引线或熔断器带电部位，可以将类似于图 4-6 的绝缘遮蔽罩安装在分支横担上对熔断器进行相间的隔离。这样可大大减少绝缘遮蔽隔离的措施。

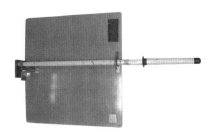

图 4-6 绝缘挡板

2. 断杆架式变台跌落式熔断器引线时的作业点选择

很多人在更换双杆变台跌落式熔断器时，愿意选择在跌落式熔断器处拆开引线，并将引线向上弯折固定在本身线上。这种做法的优点是可以减少绝缘斗臂车工作斗的移动次数。但由于跌落式熔断器上接线柱处作业空间狭小，需要设置严密周到的绝缘遮蔽措施，据现场的测试，每相大概需要至少 6 块绝缘毯和 3 根软质导线绝缘遮蔽罩，花费十

来分钟时间。如果引线固定不牢固向下弹跳、绝缘遮蔽措施脱落更可能引发人身事故。因此，在现场装置条件、环境条件等允许的情况下，宜在主导线处拆开引线并向下圈好固定。这样作业空间更大，安全距离更能保证，在更换跌落式熔断器时可以获得更大的停电范围。这种做法与日本"桥接法"更换柱上开关异曲同工。

3. 断接引线过程中引线的移动

带电作业中不宜移动、穿越带电的引线，应避免引线失去控制时引发短路事故。也就是说，移动不带电的引线失去控制时，相对造成的危害要小些。更换跌落式熔断器项目在主导线处拆引线或接引线移动的是不带电的引线，因此安全性更高些。

目前，越来越多的人推荐绝缘斗臂车绝缘手套作业法采用单斗单人的方式，从而避免单斗双人作业两人可能同时触及不同电位或串入电路引发的危险，提高作业安全性。这种情况下，移动引线宜采用类似图 4-7 的锁杆。

图 4-7　锁杆

在拆引线时，可以用锁杆将引线和主导线同时锁住，然后拆除引线线夹。这样做的好处：一是可以避免线夹松弛时，引线突然失去控制逃脱；二是可以避免人体串入电路中。线夹拆除后，斗内作业人员调整工作斗到合适位置，将锁杆从主导线上松开控制转移并固定引线。

接引线的原理相同。同理，更换柱上负荷开关、柱上断路器等时更不宜在设备线夹处装拆引线（开关出线套管处的距离不足 0.3m）。

■ 第三节｜带电断、接空载线路引线用或
转移负荷电流用专用工具

带电断、接空载线路或带负荷更换开关设备、带负荷更换耐张杆过引线等项目中，转移负荷电流用的专用工具有消弧开关（load break& pick-up tool）、负荷电流关合器

（load pick-up tool）、临时熔断器（temporary cut-out with fuse）、临时隔离开关（temporary cut-out）及绝缘引流线（temporary tap jumper）等。

开关元件关合、开断电流的能力，与其是否具有灭弧机构、灭弧介质、灭弧的方法（如吹弧）、分段关合的速度等有关。以上专用工具因为结构的不同，所以其性能不同，适用性也不同。

1. 消弧开关

带电断、接空载线路（架空或电缆线路，或架空与电缆混合线路）引线，可能用到消弧开关。带电作业用消弧开关是一种快合、快分式开关，如图4-8所示。

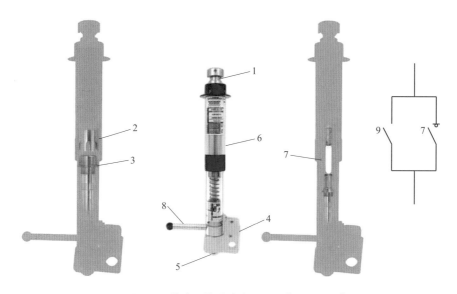

图4-8 快合、快分式消弧开关（MK300A）

1—线夹；2—静触头；3—动触头；4—合闸拉环；5—分闸拉环；6—玻壳；
7—内部弧触头（套在黄色内管中）；8—导电杆（接绝缘分流线用）；9—外部主触头

带电作业用消弧开关，具有断、接空载架空或电缆线路电容电流功能和一定灭弧能力，如图是型号为MK300A的一种快合、快分式消弧开关。它可以有效保证带电作业人员不受空载线路充、放电过程产生的电容电流的影响，包括触头、灭弧室、操动机构等部件。其操动机构采用人（手）力储能操动机构，以实现开关快速开合。带电进行消弧开关的开断或关合操作时，作业人员应与灭弧室等部件保持一定的安全距离。因此，消弧开关一般带有绝缘操作杆，或带有方便绝缘杆操作的挂杆、挂环等部件。为避免消弧开关在开断或关合不到位的情况下进行断、接空载电缆引线的工作，而导致电容电流拉弧，消弧开关应采用透明的灭弧室，应可直接观察到开关触头的开合状态。

MK300A 消弧开关现场使用前应按下列方法对工具进行检查：

（1）在消弧开关关合状态下将分闸拉环（黑色拉带）拉出约 50mm，检查工具外管黄铜触头可视孔中的白色杆头是否可见，正常情况下应确保可见。注意，此时外部主触头已分离，但内部弧触头还处于合闸状态。

（2）继续拉出黑色拉带直至弹簧分闸机构触发、锁定，此时可听到内部弧触头快速分闸的独特开断声（即快分的过程，但说明书没有说明分闸速度和合闸的速度）。注意，此时黑色拉带被完全拉出，消弧开关外部黄铜触头已被分离到足够耐压距离，黄铜触头可视孔中的白色杆头应不可见，内部弧触头断开。

（3）在断开状态下，用 2500V 绝缘电阻测试仪测量触头间绝缘电阻，测量值应不小于 1000 MΩ。

（4）拉出复位钮并触发消弧开关进行关合，关合过程迅速无障碍。合闸后黄铜触头应完全关合，看不见黄色内管。

MK300A 消弧开关在使用中应注意：

（1）确认消弧开关引流线夹是否与线路导体尺寸匹配。

（2）线路电压、电流应与消弧开关的额定电压、额定电流匹配。消弧开关不能用于开断电容器（开断电容器时能瞬时产生 2～3 倍于额定电压，使消弧开关内的绝缘间隙击穿并导致闪络）。

（3）为保证消弧开关引流线夹与导线接触良好，挂接前应清洁线路挂接点处的脏污和金属氧化物。

（4）在导线上挂接消弧开关和从导线上取下消弧开关前应确认消弧开关处于"开断"位置，锁定栓完全插入在黑色的锁体和复位钮内。

（5）消弧开关合闸后，应将锁定栓完全插入座体内并穿过黑色拉带。

（6）消弧开关在使用中应始终视为带电体，做好相应的绝缘遮蔽防护措施。

MK300A 消弧开关的维护：

MK300A 消弧开关按照最小维护量的长寿命设计。在正常操作情况下，电气触头系统和易耗件能提供约 500 次分断操作。每隔半年，需按下列方法进行电气和机械操作的检查。

（1）检查消弧开关外部是否有凹痕、裂缝或其他形式损坏。

（2）清洁消弧开关透明外壳只能用肥皂和水，不能使用溶剂来清洗工具外壳，否则可能导致出现裂纹。

（3）将消弧开关拉开至"开断"位置，检查黄色内管是否干净，是否有刮伤、电弧烧伤等。黄色内管脏污时，在电路中即使处于"开断"位置也可能在表面发生闪络。因此，需要时应清洁黄色内管。

（4）检查黑色拉带，是否有会引起断裂的裂痕等。

（5）目测检查上下触头是否有严重的烧伤或磨损痕迹。

（6）对消弧开关进行关合操作，动作时应快速有力、稳定、干脆。

（7）在消弧开关"关合"位置下，用仪表测量顶部触点和输出触点间是否导电连通。将拉带拉出 50～75mm，用仪表测量顶部触点和输出触点间是否导电连通（内部弧触头应导通）。

（8）将拉带彻底拉出，把消弧开关锁定在开断位置，用仪表测量顶部触点和输出触点间是否导电连通（外部触头和内部弧触头均应不导通）。

（9）检查锁定栓是否完好无损。

（10）消弧开关在结构上属非防水结构，如果工具受潮或淋雨，在使用前必须将工具内部完全干燥处理。

2. 负荷电流关合器

负荷电流关合器（见图 4-9）的电气参数：15kV、250A。其只有一个触头系统，具有弹簧储能合闸装置，合闸速度较快。可以拉动绝缘绳使其关合［见图 4-10（a）］。

操作时，应远离负荷电流关合器，当其挂在导线上时，操作人员不能使用复拨器断开其触头［如图 4-10（b）］。在断开过程中压缩合闸弹簧进行储能。因此，负荷电流关合器只能接通负荷电流，不能断开负荷电流。

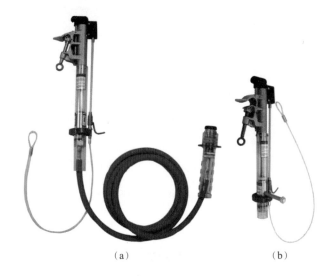

（a）   （b）

图 4-9　适用于绝缘杆作业法的负荷电流关合器

（a）具有绝缘引流线的负荷电流关合器；（b）不具有绝缘引流线的负荷电流关合器

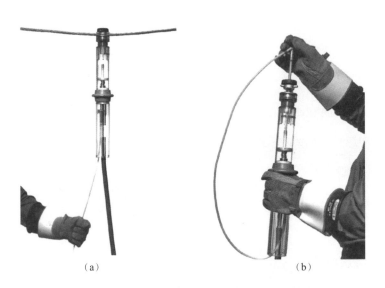

（a）   （b）

图 4-10　适用于绝缘手套作业法的负荷电流关合器

（a）关合负荷电流关合器；（b）分断负荷电流关合器

3. 临时熔断器

临时熔断器可以在带电维护架空线路时，临时代替跌落式熔断器提供过电流和短路保护，如图 4-11 所示。其工作原理和跌落式熔断器相同，不能关合和分断负荷电流，断开状态下起到电气隔离的作用，如图 4-8 所示。

使用时，用射枪操作杆将其夹在主导线上，下端的黄铜导电杆用来安装绝缘引流线。熔丝管配备不大于 100A 的熔丝。

在美国如果需要开断跌落式熔断器、隔离开关的负荷电流，可用便携式负荷开断工具（见图 4-12）配合使用。便携式负荷开断工具在闭合状态如图 4-12（b）所示，开断状态如图 4-12（c）所示。

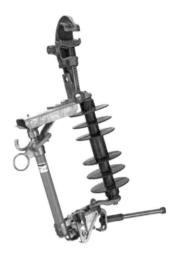

图 4-11　临时熔断器

（a）　　　　　　　　（b）　　　　　　　　（c）

图 4-12　便携式负荷开断工具

4. 临时隔离开关

图 4-13 所示的临时隔离开关，只有一个简单的灭弧罩，其弧触头在分断过程中利用高温电弧加热灭弧罩中的空气形成吹弧作用，因此能关合和开断较小的负荷电流，但

不能关合、开断短路电流。

由于我国中压配电网大多采用中性点非有效接地的运行方式，为保证三相系统运行的对称性，无论以上带电作业专用工具是否具有开断、接通负荷电流的能力，一般不用于开断或接通单相负荷（单相变压器可用消弧开关或便携式负荷开断工具来进行操作）。

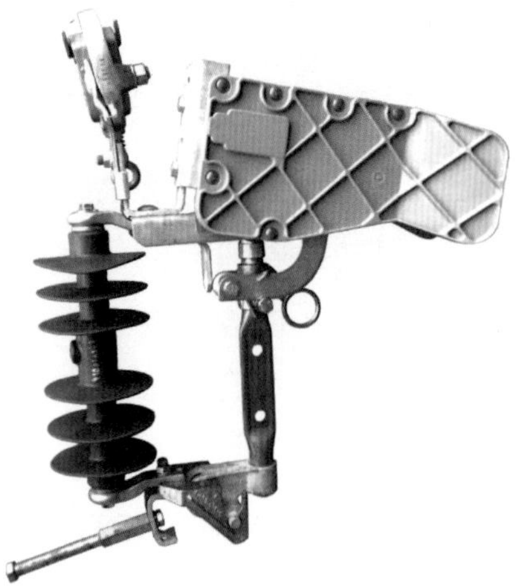

适用性建议如下：

（1）消弧开关：断、接空载电缆与架空线路

图 4-13 临时隔离开关

连接引线，带负荷更换单相隔离开关、更换耐张杆过引线时转移负荷电流。

（2）负荷电流关合器：接空载电缆与架空线路连接引线，带负荷更换单相隔离开关、更换耐张杆过引线时转移负荷电流。

（3）临时熔断器：带负荷更换跌落式熔断器时转移负荷电流。值得注意的是，带有熔丝管的临时隔离开关应挂设在远离作业人员的一侧，以保证该工具提供短路保护时的作业安全。

（4）临时隔离开关：带负荷更换单相隔离开关、更换耐张杆过引线时转移负荷电流。

（5）绝缘引流线：带负荷更换单相隔离开关、更换耐张杆过引线时转移负荷电流。

需要注意的事项如下：

（1）本节提及的专用工具的品牌有美国 CHANCE、HASTINGS 和 HUBBELL 等，工具的额定电压有 15kV、27kV 等。在条件允许的情况下，应选用与我国配电网额定电压相应的带电作业用专用工具。以消弧开关为例，在相同标称开断负荷电流的情况下，如选用 27kV 额定电压的消弧开关来切断 10kV 变压器的空载电流，易产生相对较高的截流过电压。

（2）带负荷更换柱上智能断路器，有条件的情况下应使用三相式旁路负荷开关。如果用本节提及的专用工具来短接智能断路器，应确保闭锁智能断路器的跳闸功能，包括操作电源、跳闸回路等。

（3）由于断开电容电流时，开关断口上的电压和电流之间有 90° 的相位差，灭弧条件相对恶劣。消弧开关及带有灭弧罩的临时隔离开关的接通、断开负载电流的能力（如标称的额定电流），不代表其能接通和断开的空载电容电流的能力。

（4）以上工具的载流能力还受到与其串接设备，如绝缘引流线、引流线夹等的限制，作业时应充分考虑。

■ 第四节｜带电断、接引线作业项目案例

断、接 10kV 空载线路引线工作较为常见，按照国家电网有限公司有关技术规程，当空载电流大于 0.1A 时须用消弧开关，空载电流大于 5A 时禁止作业。

一、带电断、接空载架空线路

2017 年 7 月 18、19 日，某县供电公司在市公司带电作业中心的协助下，开展了带电断、接长空载架空线路的操作。系统接线情况如图 4-14 所示。

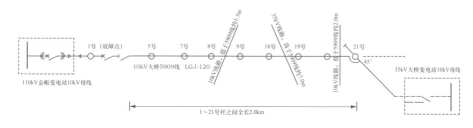

图 4-14　系统接线情况

10kV 大桥 5909 线是 110kV 金畈变电站至 35kV 大桥变电站之间的联络线，正常情况下由金畈变电站送电，大桥变电站出线处于备用状态。因雷击导致金畈变电站 10kV 大桥 5909 线 1 号电杆真空开关 A 相上桩头引线断裂，运行班组将 1 号电杆真空开关及闸刀拉开，并由 35kV 大桥变电站倒送电。由于 1 号电杆位置在水田内，且真空开关装设位置较低，无法进行带电作业，只能寻找带电作业车能够到达的 21 号电杆，带电拆除其耐张过引线，从而对 1 号电杆上的柱上开关进行停电抢修。

图 4-14 中电杆为轻型 12m 拔梢水泥杆，导线型号为 LGJ-120，21 号电杆的大号侧三相导线呈三角排列，小号侧导线呈水平排列，单回线路，主线延伸方向为 135°转角，另从主线 22 号电杆指向 21 号电杆方向有一条 10kV 分支线路延伸，但并未与主线 21 号电杆接通，处于停电状态。转角杆上下横担规格均为 1700mm×80mm×8mm，上下横担间距为 80cm，上横担侧主线上有三只故障指示器，21 号电杆至 1 号电杆间线路长度约为 2.0km，另从 21 号电杆至 1 号电杆真空开关这段线路有两处跨越其他 10kV 线路，一处穿越 35kV 线路。21 号电杆装置如图 4-15 所示。全线的走廊内有较多树木，特别是 5~7 号电杆之间的线路离树木很近。

图 4-15　21 号电杆装置

需要注意的是，由于相位问题，该处跨接线与常规的接线有所区别，上下导线之间并不是从最近处搭接，而是从远侧导线搭接，这也给操作带来一定难度。

考虑需要解除的空载线路较长，需要核算空载电流的大小。单位长度 10kV 架空线路空载电流见表 4-1。

表 4-1　断、接单位长度 10kV 架空线路时的单相稳态电容电流参照值

单位：A/km

裸导线					架空绝缘导线				
单回路	双回路	三回路	四回路	五回路	单回路	双回路	三回路	四回路	五回路
0.010	0.012	0.016	0.021	0.027	0.011	0.017	0.028	0.045	0.071

计算所得空载电流为 0.010×2.0=0.02A。但由于受到多处交叉跨越线路及沿线树木的影响，使用钳形电流表（日本共立 KYORITSU 2002，量程切换至 400A，如图 4-16 所示）测得 U、V、W 三相的空载电流分别为 1.2A、1.3A、1.2A，远大于 0.1A，须使用消弧开关进行操作。

图 4-16　钳形电流表

根据现场的接线情况，对作业范围内的导线、跨接线、横担、拉线等进行绝缘遮蔽。按照 W → U → V 的作业顺序，逐相安装消弧开关及绝缘引流线，并开断 21 号电杆上的过引线。图 4-17 中为斗内人员正在安装 W 相消弧开关及绝缘引流线。

图 4-17　斗内人员正在安装消弧开关及绝缘引流线

在合上消弧开关后，使用钳形电流表测量绝缘引流线的电流为 0.9A，确认分流情况良好（见图 4-18），然后用绝缘断线剪剪断 W 相过引线（见图 4-19）。在剪断跨接线瞬间未见电弧产生，可见转移电流时并不会有电弧发生，这与直接带负荷断引线是完全不同的。

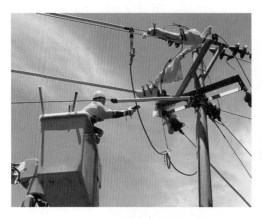

图 4-18　测量绝缘引流线电流

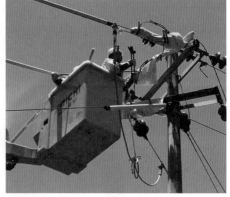

图 4-19　断开过引线

按照 W → U → V 的作业顺序，依次断开 21 号电杆的三相过引线。断开引线后，运行单位在 1 号电杆进行了缺陷处理。7 月 19 日带电作业班使用消弧开关恢复了引线，确保线路联络正常。本次工作的危险点如下：

（1）天气炎热，地面温度超过 40℃，作业人员长时间身穿绝缘披肩进行斗内作业，体力消耗大。

（2）U 相和 W 相引线非顺相搭接，引线走向交错，且距离地电位构件较近，剪断和恢复难度较大。

（3）作业步骤多，作业空间狭小，对作业人员的流程规范性、遮蔽和距离控制提出了较高的要求。

这次使用消弧开关及绝缘引流线进行分流及灭弧的作业，为实际操作中的相关电容电流测算提供了一些实际数据参考，在操作程序和步骤上也积累了一定的经验。

二、断、接空载架空导线和电缆的混合线路

2017 年 9 月 23 日，某县域供电公司带电作业班在一双回路架空线路上开展断空载架空线路和电缆的混合线路的作业，系统接线情况如图 4-20 所示。

该项作业配合工程改造，将 10kV 熟皋 253 线和 10kV 向熟 810 线 17 号电杆后侧的线路由其他电源转供后，拆除开关站出线电缆和架空 1~17 号电杆之间的导线，带电作业班的任务是断 17 号电杆耐张引线。架空线为垂直排列的双回路线路，作业点即 17 号电杆为电缆登杆的钢管杆，现场装置如图 4-21 所示。

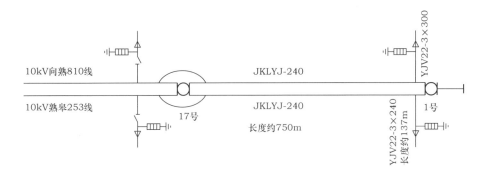

图 4-20　系统接线情况

图 4-21　17 号电杆装置图

作业前先估算断开点的空载电流数值。单位长度的 10kV 电缆线路空载电流见表 4-2。

表 4-2　断、接单位长度 10kV 交联聚乙烯绝缘电缆引线时的单相稳态电容电流参照值

单位：A/km

电缆芯线截面面积（mm²）	50	70	95	120	150	185	240	300	400
单相电容电流	0.363	0.399	0.453	0.489	0.557	0.645	0.781	0.929	1.171

10kV 向熟 810 线 17 号电杆空载电流 I_{01}：

$$I_{01} = I_{jk} + I_{dl} = 0.017 \times 0.75 + 0.929 \times 0.137 \approx 0.14(\mathrm{A})$$

式中：I_{jk} 为架空线路空载电流；I_{dl} 为电缆线路空载电流。

10kV 熟皋 253 线 17 号电杆空载电流 I_{02}：

$$I_{02} = I_{jk} + I_{dl} = 0.017 \times 0.75 + 0.781 \times 0.137 \approx 0.12(\mathrm{A})$$

按照计算结果，应选择使用带电作业用消弧开关。但由于 17 号电杆作业装置如图 4-21 所示，结构复杂，不便于安装消弧开关，因此最后经过权衡决定使用绝缘斗臂车绝缘杆作业法断引线。（注：按照装置结构，17 号电缆引线接于大号侧，消弧开关和引流线的组合可以接在图 4-21 中主导线的 1 和电缆接地环的 2 之间）。

为保证作业安全性，斗内作业人员进入带电作业区域后，使用高压钳形电流表测量了两个回路的空载电流，其数值记录如图 4-22 所示，与估算值一致。现场作业如图 4-23 所示。

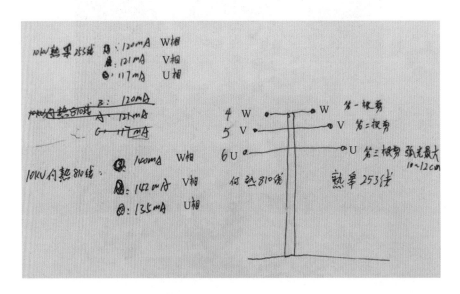

图 4-22　空载电流检测数值记录

斗内作业人员带着防护眼镜在断开熟皋线的耐张杆过引线时，依次从上往下（W、V、U 相），斗内 2 号电工用引线锁杆控制住耐张杆过引线后，由 1 号电工使用绝缘断

图 4-23　现场作业

线剪断引线。从实测数据可以看到 U 相的电流最小，但断引线时弧光最大，拉弧长度为10~12cm。同样地，断开向熟线的耐张杆过引线时，U 相的弧光最大，电弧最明显。

　　各相架空线路的空载电流大小除受到与大地之间的电容耦合作用的影响外，还与其他相导线之间的电容耦合作用，其他相导线的电压及相位有关。当中性点不接地或经消弧线圈接地时，因开断引线的不同期，造成系统的不对称，中性点电位发生位移，导致后开相电压升高电弧现象加剧。

第五章｜带电（带负荷）更换柱上设备

■ 第一节｜带电更换跌落式熔断器

随着夏季温度不断攀升，户外跌落式熔断器故障不断出现，常见的故障现象有熔丝熔断、触头烧损等。绝缘手套作业法更换跌落式熔断器属于国家电网有限公司 33 项带电作业项目中的第二类。

2017 年 8 月 1 日，某公司带电作业班在双林镇同杆架设 10kV 百草 L59 线、龙登 L61 线总线 28 号电杆处带电抢修了一起跌落式熔断器故障。跌落式熔断器型号为 PRWG1-10F/100A，熔丝规格为 30A。现场环境温度约为 43℃，装置及现场作业图如图 5-1 所示。近边相跌落式熔断器下静触座严重烧损，熔管下部严重烧损，随时可能发生断落，如图 5-2 和图 5-3 所示。

经现场作业人员对三相跌落式熔断器测温、测流所得数据见表 5-1。故障相跌落式熔断器与环境温度之间的温差为 48.2℃，如图 5-4 所示。

图 5-1　装置及现场作业图

图 5-2　跌落式熔断器下静触座烧损　　　　图 5-3　烧损的跌落式熔断器下静触座

表 5-1　三相跌落式熔断器带电检测数据

项目	测温（℃）	测流（A）
近边相（故障相）	48.2	10
中间相（正常相）	—	9
远边相（正常相）	5.4	8.6

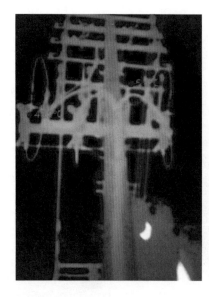

图 5-4　跌落式熔断器烧损红外成像图

按照 GB/T 11022—2011《高压开关设备和控制设备标准的共用技术要求》中的规定，户外电气设备的正常使用环境温度"周围空气温度不超过40℃，海拔高度不超过1000m"及"每超过1K，负荷电流能力下降额定电流的1.8%"，从测量数据来看，跌落式熔断器的负荷电流远小于熔丝的额定电流 I_{rt}，I_{rt} 和熔断器额定电流 I_N 也符合 $I_{rt} \leqslant I_N$ 的要求，满足运行条件。故障相跌落式熔断器发热的原因是熔管下动触头和熔断器下静触座之间接触不良，接触电阻过大。电气设备的弹簧、螺栓和支件等一般采用不锈钢材料加工，导体连接片采用磷铜电镀银处理。对于用螺栓连接的导体接合部分，搪锡或镀锡的，空气中最高允许温度为 105℃；裸铜或裸铜合金的触头空气中最高允许温度为 75℃。该次作业中设备主要的发热部位都没有达到 GB/T 763—1990 的规定值，但却发生了严重的锈蚀和烧损。这是因为：

（1）跌落式熔断器下静触座传导电流的铜导体部件（图 5-3 的"A"点）发生形变，图 5-3 中看不到熔管下动触头与其紧密接触过的痕迹，因此合闸时下静触座的钢支架变成了载流体。PRWG1-10F/100A 的上静触座结构如图 5-5 所示，组成上静触座的两块铆合在一起的不同材料（铜和不锈钢）的金属片，其长度差异产生的弹性变形给触头系统提供了足够的接触压力；触头流过大电流时，金属材料热膨胀系数的差异导致双金属片的弹性形变减小，从而减小了触头间的接触压力，便于熔丝管从静触座中脱出。为了保证熔丝熔断时利用熔管的自重顺利脱扣，触座做成喇叭口形状。触头间的接触压力既不能太大又不能太小，只要加工工艺或熔管上的上动触头尺寸稍有偏差，就会影响熔断器的效能（这也是入夏高温高负荷期间，跌落式熔断器上触头系统易发热烧损或熔丝熔断、拉断的重要原因）。这样的上触头系统不能在熔管合闸时提供向下的压力，也会影响熔管与下静触座之间的接触，下静触座的钢支架本身电阻大，接触时只有个别点接触，接触压力小，载流时容易发热。若采用图 5-6 所示的跌落式熔断器上触头系统，合闸时熔管与上静触座之间的接触比较稳定，并能提供向下的压力，接触面较大，也能保证熔丝熔断时顺利跌开。

（2）装置附近有多家高污染的企业，较高的运行温度，酸雨加快了对跌落式熔断器钢支架的腐蚀速度。

本次作业带电班在运维班组取下三相跌落式熔断器熔管后，作业人员用绝缘挡板隔离近边相故障跌落式熔断器，完成相应绝缘遮蔽措施，更换了故障相跌落式熔断器。作业前测量了设备的温度和负荷电流，有助于分析设备缺陷的原因，是带电检测在配电网不停电作业中的初步应用。

图 5-5　PRWG1-10F/100A 的上
　　　　静触座结构

图 5-6　跌落式熔断器

■ 第二节 | 带电更换避雷器

　　某地市公司带电作业班带电更换了变压器台架中间相避雷器（见图 5-7）。装置情况
如图 5-8 所示，中间相避雷器脱离器已脱离。避雷器器型号为 HY5WS2-17/50L，如
图 5-9 所示。

图 5-7　带电更换避雷器现场作业照片

图 5-8　装置情况

图 5-9　拆下的避雷器

　　首先介绍避雷器脱离器的作用。脱离器与避雷器串联使用。当避雷器发生故障时，利用工频短路电流使脱离器接地端自动脱开，避雷器退出运行，并给出故障避雷器可见的标志，便于及时发现故障点。在避雷器处于正常工作状态时，脱离器呈低阻抗，不影响系统原工作状态和避雷器的保护特性。脱离器按使用原理和性能分为热熔式脱离器和热爆式脱离器。其中，热熔式脱离器利用流过失效避雷器中的短路电流，使脱离器中的合金熔片（或焊锡）熔断来达到脱离的目的；热爆式脱离器利用失效避雷器中的短路电流在脱离器中产生燃弧，引爆热爆元件来达到脱离的目的。带有脱离器的避雷器安装方式如图 5-10 所示。避雷器通过一高绝缘强度（用 2500V 的绝缘电阻检测仪检测，显示"∞"）

图 5-10　带有脱离器的避雷器
　　　　　的安装方式

的胶木装置安装在铁横担（安装有接地引下线与接地装置连接）上，脱离器接地端用铜编织线连接在铁横担上。

为保证带电作业的安全，更换前，作业人员使用了高压验电器进行验电，避雷器的上、下桩头处验电器都有声光信号，变压器外壳处无声光信号。避雷器拆下后测得的绝缘电阻是 6GΩ（35kV 及以下电压，用 2500V 绝缘电阻检测仪检测，大于等于1000MΩ 即认为合格）。避雷器脱离器动作不代表避雷器本身发生故障，在避雷器释放过电压的过程中也会存在工频续流的阶段，使脱离器脱离。本案例中虽然更换下来的避雷器绝缘电阻达到了 6GΩ，但相对于绝缘电阻无穷大的胶木装置来说还是较小的，在对 5.7kV 左右的相对地电压分压时，绝缘胶木装置上承受了更多的电压，因此本案例作业装置中的避雷器下桩头处于高电位，高压验电器会有响应。当避雷器本体发生故障时，所有的相对地电压会加在胶木装置上，避雷器下桩头将处于与上桩头一样的高电位，验电器也会有响应。从以上简单的分析中可以知道，此时通过"验电"是不能确切知道避雷器是否损坏的。

（1）避雷器完好、胶木装置完好、脱离器脱落。避雷器下接线柱有电、安装支架（铁横担）无电，避雷器引线无电流（应使用可测量泄漏电流级高精度高压钳形电流表）、使用红外成像仪检测避雷器及胶木装置和其他两相无明显区别。此时具备带电作业的安全性。

（2）避雷器损坏、胶木装置完好、脱离器脱落。避雷器下接线柱有电、安装支架（铁横担）无电，避雷器引线无电流、使用红外成像仪检测避雷器及胶木装置和其他两相无明显区别。此时具备带电作业的安全性，但要注意胶木是避雷器与横担之间的主绝缘，作业时应控制安全距离。

（3）避雷器损坏、胶木装置损坏、脱离器脱落。避雷器上、下接线柱，避雷器的安装支架有电，同时避雷器引线有较大的电流，使用红外成像仪检测避雷器及胶木装置和其他两相有明显区别，站所中可能就会有接地信号。此时应视为不具备带电作业的安全性。

不带脱离器的避雷器，在带电更换之前可以通过"验电""测流""红外成像"等带电检测手段综合判断避雷器的情况，如避雷器下桩头（安装支架在没有缺失接地线的情况下）有电、用钳形电流表测量有较大的泄漏电流、红外成像与其他两相避雷器有明显的温升等现象，应视为不具备带电作业的安全性。为了保证作业的安全性，国家电网有限公司配电网不停电作业规范中要求用绝缘操作杆来断开避雷器引线是具有极大的针对性和指导意义的。因此，为了保证带电更换避雷器项目的安全，在判断装置是否具备带电作业的条件时，采用"验电""测流"和"红外成像"，甚至"超声波局部放电"等带电检测技术来互相印证是十分必要的，这对带电作业人员来说也将是一门全新的课程。

第三节 | 带负荷更换柱上开关设备挂设绝缘引流线的方法

带负荷更换柱上隔离开关、发热线夹等作业项目需要使用绝缘引流线。绝缘引流线如图 5-11 和图 5-12 所示。

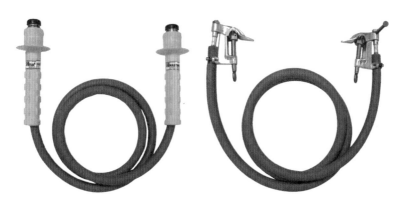

图 5-11　绝缘手套作业法用绝缘引　　图 5-12　绝缘杆作业法用绝缘引流线
　　　　　流线

在带电作业中移动带电导体时，如果失去控制将引发较大的风险，如接地、相间短路，高低压同杆架设时高压串入低压等。因此，在具备充足装备的情况下，借助两辆绝缘斗臂车，在需短接的设备两端采用"同相同步"的方法挂接绝缘引流线，图 5-13 为绝缘斗臂车绝缘杆作业法同相同步挂接绝缘引流线。

在只有一辆绝缘斗臂车的情况下，挂接引流线通常会先用绝缘短绳将其一端（A 端）

悬空挂在导线上，然后移动绝缘斗臂车绝缘斗的位置到需短接设备的另一侧，将绝缘引流线（B端）挂接到导线上，最后返回原的位置将绝缘引流线 A 端挂接到导线上。

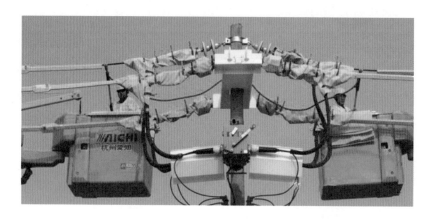

图 5-13　绝缘斗臂车绝缘杆作业法同相同步挂接绝缘引流线

这里介绍一种绝缘引流线支架，如图 5-14 所示。使用它的出发点和绝缘短绳相同，使用方法如图 5-15 所示，挂接过程可从图 5-15 中清楚看到，因此不再赘述。但需特别指出的是，绝缘引流线的线夹应垂直向下。一般情况下，绝缘引流线至少有 3 处固定点，以防止作业中有较大的晃动。

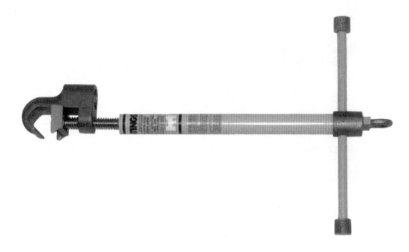

图 5-14　绝缘引流线支架

图 5-15　挂接绝缘引流线
（a）第一步；（b）第二步；（c）挂接完成

　　用绝缘操作杆如射枪操作杆挂接图 5-12 所示的绝缘引流线，可以减少绝缘斗臂车绝缘斗的移动次数，并减少作业人员接触带电体的次数，从而提高作业安全性。

　　大家都知道，绝缘斗臂车的绝缘斗外是不能放置金属工器具的，绝缘操作工具的金属操作头也是不能高出绝缘斗斗沿的。图 5-16 是一个绝缘引流线线夹的临时放置盒，可以搁置在绝缘斗的斗沿，同时可以在单人单斗作业时解放人的双手，便于斗内工作人员操纵绝缘斗转移位置。当然，在转移工作斗位置时也要注意绝缘引流线在周边设施设备上被挂碍。

使用绝缘引流线前，应检查引流线线夹的接续情况以保证其导流性能，如图 5-17 所示。

图 5-16　绝缘引流线线夹的临时放置盒

图 5-17　引流线线夹检查

第四节｜带负荷更换柱上开关设备时的负荷电流转移情况分析

2016 年 11 月 18 日，某县供电公司带电作业班组开展在耐张杆上带电安装柱上开关设备（ZW32-12 户外交流高压真空断路器及隔离开关）的工作，如图 5-18 所示。线路的负荷电流经检测为 140A 左右。

图 5-18　耐张杆上带电安装柱上开关设备

安装工作完成后，合上隔离开关和断路器，并将断路器的跳闸机构闭锁。准备使用绝缘杆式断线剪剪断耐张杆过引线。

以下是该带电班班长的描述：断耐张杆过引线前测第一相电流，耐张杆过引线的电流为 90A 左右、开关引线上的电流为 40A 左右，也就是说，开关回路的分流电流不到总电流的 1/3。为了验证断引线过程其实是转移负荷电流到开关回路的过程，特意先拆了耐张杆过引线上的两个异线并沟线夹（共有 3 个异型并沟线夹），再测耐张杆过引线的电流。测得电流有所减小，但变化不大。然后决定直接去剪过引线，剪的过程没有弧光，其现象与在空载的架空线路上直接剪断十几档长的导线差不多。断第二相、第三相前，实测耐张杆过引线与开关回路的电流有所不同，耐张杆过引线上少些、开关上多些。

在这个项目中，虽然开关设备的导电部分是铜，但由于接续的接头较多（隔离开关引线与主导线的连接点、隔离开关引线与隔离开关的连接点、隔离开关与柱上断路器之间还有两个连接点、开关本身电气触头的接点等）开关引线还是铝导线，而耐张杆过引线是架空导线从耐张线夹穿出的尾线，接续点只有一个，因此，影响两个并联电阻大小的因素比较多，分流的电流不一定是负荷电流的一半。2015年11月，该带电作业班开展了拆耐张杆过引线加装柱上隔离开关的工作，当时线路的总负荷电流约为40A。在拆除绝缘引流线前，测得三相引流线和隔离开关上的电流分布也是有较大差异的。中间相隔离开关引线上只有个位数的电流，后来将隔离开关拆下来，清洁其设备线夹、电气触头上的脏污，重新安装后，隔离开关引线电流明显增大。

■ 第五节｜带电检测技术在带电更换柱上设备工作中的应用

配电网不停电作业引入带电检测技术，在工作准备阶段可以丰富现场勘察手段，使勘察数据更为直接和客观，避免了勘察人员的主观臆断，对判断作业特别是抢修工作的必要性和安全性有非常重要的作用；有助于工作计划的刚性管理，使"三措一案"（施工组织措施、技术措施、安全措施和施工方案）更有针对性和可操作性，签发的工作票和编制的作业指导书（方案）具有更高的准确性；可以提高工作效率，避免重复勘察或由于勘察不到位可能在现场作业过程中更多的间断。

带电检测技术在现场工作的实施过程中为下一步作业提供判断依据，进一步确认装置或设备的状态，如带负荷更换开关设备类项目，测量负荷电流的大小和负荷转移电流等。

一、常用的带电检测工具及作用

（1）高倍便携式望远镜。检查设备外观，如设备表面破损、锈蚀、断股、散股、紧固件松动、偏斜、标识缺失、外部异物。

（2）经纬仪、测距仪、测高仪。检查设备外观，如导线档距、交叉跨越距离、带电体对地距离、弧垂、杆塔倾斜等。测量以上数据也可为撤立电杆、更换绝缘子项目中提升、牵引导线时，吊绳、吊臂和绝缘紧线器的受力分析提供原始参数。

（3）接地电阻测试仪。测量设备接地电阻，有利于判断避雷器的性能。

（4）红外测温仪（成像仪），如图 5-19 所示。由于介电损耗或电阻损耗引起的局部温度升高，如接点接触不良的过热。

（5）超声波局部放电检测仪，如图 5-20 所示。利用超声波在绝缘介质交界面发生反射、折射的原理，发现介质内部缺陷，如电缆头放电、绝缘子内部破损。

图 5-19　红外测温仪

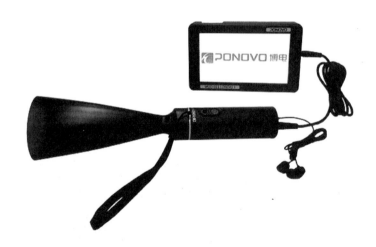

图 5-20　超声波局部放电检测仪

（6）验电器。对正常情况下不带电的设备或部位进行验电，可作为判断设备绝缘性能的辅助手段。

（7）核相仪。判断接线正确性。注意：核相仪在对开关两侧进行核相时，开关两侧的电源应与本级或上一级，或更上一级为同一个电源，即频率一致时才能正确显示。若开关一侧的电源来自系统，另一侧来自独立运行的发电车，则核相仪不能正确显示。

（8）X光探伤仪。检查设备机械损伤，如图5-21所示。

图5-21　山东莱芜供电公司X光探伤仪在输电线路上的应用

二、应用案例

1. 带电更换直线杆绝缘子

直线杆绝缘子内部有贯穿性击穿，天气良好时一般不会有明显接地信号、扎线未拆除时尚可支撑导线，但在拆除扎线过程中可能散落，如图5-22所示。

图5-22　绝缘子破损后泄漏电流烧损导线

（1）超声波局部放电检测。这种方法用于判断绝缘子内部是否有贯穿性击穿，如存在，导线与绝缘子接触处可能存在断股现象，导线机械强度降低，不具备带电更换的条件。超声波局部放电检测可在现场勘察时应用。

（2）验电（横担、绝缘子铁脚）。绝缘子状态不同现象不同，以针式绝缘子为例，一般情况下如果铁脚上部有电、横担无电，则绝缘子基本良好；若铁脚和横担均显示有电，则绝缘子内部存在贯穿性击穿的可能性。验电更多地应用于作业现场复勘时。

（3）经纬仪（全站仪）。其用于测量导线弧垂，预估导线提升导线时提升高度和撑杆（吊臂）受力的关系。

2. 带电更换耐张绝缘子串

（1）超声波局部放电检测。这种方法可用于判断绝缘架空线路用复合绝缘子内部缺陷情况和位置，避免作业时短接良好部位。这种方法可在现场勘察时应用。

（2）验电。绝缘子状态不同现象不同，验电更多地应用于作业现场复勘时。以瓷质盘形绝缘子串为例，如靠近横担侧绝缘子有贯穿性击穿，在对两片绝缘子之间的部位进行验电时，验电器可能没有反应。

（3）经纬仪（全站仪）。其用于测量导线弧垂，预估导线过牵引时绝缘紧线器的受力情况。

3. 接头发热带电处理

开关接头发热导致断裂如图 5-23 所示。

（1）红外测温仪。其用于判断接头发热部位和发热程度，可能出现的机械强度、绝缘性能的降低对作业安全性和作业方案的影响。

（2）钳形电流表。用于测量负荷电流，选择载流能力合适的绝缘分流线。在制定施工计划时，通过查线路负荷曲线，根据日负荷变化情况选择合适的作业时间。

图 5-23　开关接头发热导致断裂

4. 带电更换避雷器

阀性电阻劣化并烧损的氧化锌避雷器如图 5-24 所示。

图 5-24   劣化并烧损的氧化锌避雷器

（1）高倍便携望远镜。其用于判断是否有明显劣化损伤。

（2）红外测温仪。其用于判断避雷器有无过热，从而判断避雷器氧化锌阀片是否劣化，拆引线时是否会明显拉弧。

（3）验电。对横担验明有电位时，避雷器可能存在氧化锌阀片劣化、接地线缺失等现象。注意：接地线缺失时，对横担验电可能会显示有电。

（4）接地电阻测量仪。测量接地装置电压，如有明显的电压幅值，可能存在氧化锌阀片劣化。

（5）钳形电流表。测量泄漏电流，判断是否有必要使用消弧开关或操作杆断开避雷器引线。

5. 带负荷更换开关及隔离开关

（1）高倍便携望远镜。其用于观察 SF_6 开关的气压，判断是否具备分合闸操作的条件，以确定短接开关后的作业步骤和拆开关引线时的安全措施（如开关不能进行分闸操作时，开关先拆除引线，一侧的出线套管的接线柱仍具有高电压）。

（2）验电器。用其对开关外壳进行验电，判断开关对地绝缘情况。如开关绝缘不良，负荷电流即使转移后，拆引线时电弧仍然可能较大（泄漏电流引起）。

（3）钳形电流表。用其判断负荷电流的大小，选择载流能力合适的绝缘引流线等设备，制定正确的作业方案；绝缘分流线短接开关后，判断分流状况；开关更换完毕并合闸后，判断开关载流情况，进一步判断开关触头系统接触电阻和引线的搭接质量。

（4）核相仪。如短接开关的回路中串接旁路负荷开关，用核相仪判断短接回路接线正确后才能合上旁路负荷开关；更换开关后，在开关投入运行前，用于判断开关两侧接线是否正确。

6. 架空线路带电巡测

带电作业除了对设备的带电安装、更换、检修和调试等工作外，还包括对设备的带电测量。架空线路的测量工作通常结合巡视线路开展，但通常情况下只能开展一些不直接接触带电设备的测量工作。常规的架空线路巡视无法准确掌握电杆装置上半部分的情况，可以结合配电网状态检修，对重要用户和大负荷线路开展有针对性的带电巡测，包括红外测温、局部放电测试、交跨测试等。

某县公司从 2015 年开始开展绝缘斗臂车带电巡视的工作，巡视的主要对象是开关装置。由于开关装置设备多、带电体接续点多、设备绝缘部件多、空气间隙小等因素，施工安装工艺不满足要求、运维检修不到位等原因，开关装置往往是线路故障的多发部位。图 5-25 ～图 5-31 是该公司在带线巡视过程中发现的缺陷。

图 5-25　隔离开关合闸不到位

图 5-26　隔离开关支柱绝缘子开裂

图 5-27　铜铝接头开裂

图 5-28　避雷器下引线螺母未紧固

图 5-29　引线接线端子压接不到位、发热

图 5-30　电缆引线绝缘破损

　　带电巡测工作是开展配电网不停电作业工作的重要补充手段，可以借助绝缘斗臂车开展，但巡视人员必须与装置保持不小于 0.7m 的空气距离，禁止作业人员在没有主绝

缘保护的情况下接触设备。带电巡测应使用第二种工作票。

图 5-31　引线安装不规范

三、目前的制约因素

（1）不停电作业班组规模即人力资源限制。班组人员配备较少，实行配电网不停电作业"地县一体化"管理后，地市公司班组管理工作量增加。

（2）不停电作业班组专业管理的责任范围限制。运维班组巡视发现的缺陷记录太过简单，或无助于判断带电作业的可行性。有些单位已在尝试将带电检测的人员划归配电网不停电作业范畴。

（3）目前，带电作业现场勘察环节不允许上杆，接触带电设备或进入带电作业区域必须使用工作票。由于班组设备配置的限制，大多班组比较重视绝缘工器具、带电作业装备的配置，而较少配置带电检测的工具。

（4）作业人员工作认知及知识技能水平的限制。

第六章 更换绝缘子及横担

第一节｜带电更换直线杆绝缘子

一、绝缘杆作业法更换直线杆绝缘子

绝缘杆作业法更换直线杆绝缘子劳动强度较大，需要有较高的技能水平和熟练的操作能力。该项目在农网中有所应用，但总的开展次数不是很多。所需工器具有羊角绝缘抱杆、绝缘抱杆、扎线钳、斜口钳绝缘杆和扎线杆等，如图6-1～图6-4所示。

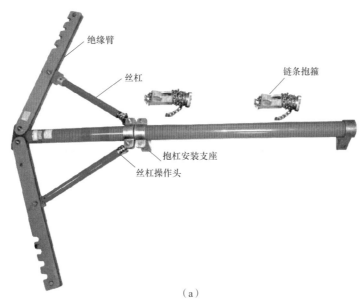

（a）

图6-1 绝缘抱杆（一）

（a）羊角绝缘抱杆

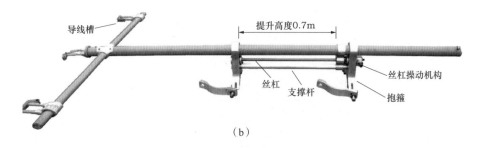

（b）

图 6-1　绝缘抱杆（二）

（b）横担式绝缘抱杆

图 6-1（a）所示羊角绝缘抱杆适用于更换两边相直线绝缘子。图 6-1（b）所示横担式绝缘抱杆适用于三相导线水平排列的架空线路装置更换三相直线杆绝缘子，上海地区应用较多。

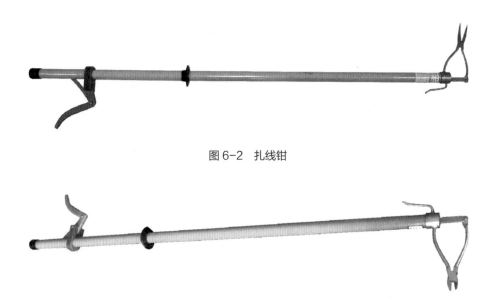

图 6-2　扎线钳

图 6-3　斜口钳绝缘杆

图 6-4　扎线杆（三齿耙、绑扎线用）

图 6-5 ～图 6-7 为架空线路更换三角排列单回路装置中间相直线绝缘子的几幅图例。

由于作业人员在更换绝缘子时站位较高，为保证安全，杆上作业人员的个人防护用具穿戴比较齐全。

图 6-5　安装中相绝缘抱杆

图 6-6　拆除绝缘子扎线

图 6-7　更换直线绝缘子

二、绝缘手套作业法更换直线杆绝缘子

某日某供电公司带电作业班更换了一处直线杆绝缘子，现场装置情况如图6-8所示。

（a）

（b）

图6-8 现场装置情况

作业点为20kV单回路线路直线分支杆，主回路导线呈三角排列，分支线呈水平排列，横担长度为1500mm。杆上装有防雷击断线的屏蔽线，分支横担安装有驱鸟装置。

桐乡处于杭嘉湖平原，鸟害甚多。喜鹊喜欢用树枝、铁丝等在电杆横担上筑窝，江南又多雨，再加上装置导线绝缘层老化，易发生相对地（导线对横担、对电杆）短路。从图6-8（b）中可以看到横担上有拆除鸟窝后遗留的泥土和草屑，两支柱式绝缘子表面有烧黑了的痕迹，其中一片绝缘子破损，导线的绝缘皮也有烧损现象。下面是该作业班组在带电处理本次缺陷工作中体会的技术要点。

首先需要确定有无必要进行本次缺陷处理，主要从两个方面判断：

（1）判断绝缘子是否被击穿，横担有无漏电现象。一旦横担有漏电，说明绝缘子有击穿或有放电回路，此时绝对不允许开展此项目。如何判断有无漏电呢？可用高压验电器对绝缘子铁脚、横担等部位进行验电，没有漏电现象则说明绝缘子内部无贯穿性击穿。

（2）检查导线的损伤情况。若主导线（导电体）有烧损，则其机械强度大大降低，绝对不允许开展作业。如何判断有无烧损呢？可以采取绝缘斗臂车登高后近距离反复检查，以确认导线是否烧损。用望远镜在地面检查，既看不清楚又看不全面。

以上两方面确认后，再考虑作业中的关键点：

（1）遮蔽，如图 6-9 所示。一般情况下用导线绝缘遮蔽管对绝缘子两侧导线，用绝缘毯对绝缘子扎线处、横担和绝缘子铁脚等部位依次设置绝缘遮蔽后，拆开扎线处绝缘毯就可以拆扎线了。但就本次的作业装置来说，由于绝缘子的一侧有接地环，另一侧有支线的接入点，距离不够，导线绝缘遮蔽管无法使用，只能全部使用包毯。

（2）作业斗的停位。本次作业采用了小吊法来抬升导线。若工作斗停位过高，则工作人员在拆装绝缘子时会累；若停位过低，则起吊高度达不到要求。采用小吊法停位时，首先要保证导线起吊高度在 40cm 以上。满足要求后，尽量将绝缘斗往下停，一般来说斗的上沿面与横担齐平就可以了。但不同的装置也不一样，本次作业中更换绝缘子的一侧下方有 90° 的支接线路，这就会对绝缘斗的停位造成障碍，只能略高于一般的工作面。

（3）起吊。必须在拆扎线之前绑好吊绳且微微受力，起吊高度大于 40cm。本次作业中，由于该相导线有支线引线搭接受限制，起吊高度未达到 40cm。

绝缘子更换完毕，清除了导线上老化的绝缘包带和放电的脏污后，用新的绝缘包带在扎线部位进行绝缘补强，如图 6-10 所示。导线固结到绝缘子顶槽后再套上专用的绝缘罩。

图 6-9　绝缘遮蔽效果　　　　　图 6-10　支柱式绝缘子更换后的效果图

更换绝缘子方法其实有很多，如小吊法、支杆法、临时支点法、通过双重绝缘将导线转移至横担法等。不同的方法适用于不同的装置，回顾本次作业，横担上有屏蔽线、导线上有支接引线，采用临时支点法是最合适的方法。更换直线杆绝缘子作业虽然不常用，看似简单，但绝不能轻视其安全作业要点。

▌ 第二节｜带电更换耐张绝缘子

耐张绝缘子的片数和绝缘子本身的泄漏距离、所用电网的电压等级和安全系数有关，可以按照"片数 $N\times$ 单片绝缘子的泄漏距离（cm）/电压等级（kV）> 3.2"进行推算。通过这个方法计算出来的片数可以满足基本要求，根据各地规范及实际情况，可以多挂一两片。10kV 电压等级架空线路常用 XP-70 悬式绝缘子（XP——普通悬式绝缘子，70——额定机电破坏负荷 70kN），它的结构高度为 146mm（玻璃或瓷绝缘部件厚度为 60mm 左右），爬电距离为 295mm，可以从以上计算公式得出 $N >$ 1.085。一般情况下，10kV——1、2 片，35kV——3 片，110kV——7 片。根据原线路安全规程，带电更换绝缘子或在绝缘子串上作业，应保证作业中良好绝缘子片数：35kV——2 片，110kV——5 片。在规程中没有规定 10kV 架空线路带电更换绝缘子时的良好绝缘子最少片数。

玻璃绝缘子在受到雷击、外力破坏时会发生爆裂，有利于线路巡视时发现缺陷，因此在农网线路应用比较多。图 6-11 ~图 6-13 为某县公司 2017 年 6 月在线路巡视中发现的，7 月通过带电作业的方式全部更换。这几例绝缘子破损案例都发生在盆地的平原地带，周围都是丘陵，绝缘子型号都是 XP-70。

一般情况下，10kV 线路 2 片绝缘子上的电压分布，导线侧要大于横担侧，损坏的概率要高，但从以上三例来说，具有较大的偶然性。

用高压验电器去对剩余的良好绝缘子验电：如果导线采用裸导线的，在靠近横担侧的绝缘子铁部件上验电，验电器会发出声光信号，铁横担处验电不会有信号；如果是绝缘导线，则可能两处都没有信号。这是正常的静电感应现象。这是因为绝缘导线和楔形耐张线夹中的楔形块都有一定的绝缘性能，在电气上构成电容元件和剩余的良好绝缘子进行分压，分压后良好绝缘子高压侧的电位降低，靠近横担侧的绝缘子铁部件静电感应现象减弱，达不到高压验电器的启动电压。

图 6-11　边相、中间相（横担侧）耐张绝缘子缺失

图 6-12　双回路三角排列中间相（横担侧）耐张绝缘子缺失

图 6-13　双回路三角排列中间相（导线侧）耐张绝缘子缺失

　　由于剩余的良好绝缘子的结构高度为 146mm，其玻璃或瓷绝缘部件厚度仅为 60mm 左右，在带电更换绝缘子时要充分注意人员的站位、保持绝缘遮蔽用具和绝缘手套（羊皮手套）的清洁，避免同时接触绝缘子的两端，以防短接绝缘子造成相对地短路；要避免安装、操作紧线工具时重击良好绝缘子，避免失去最后的绝缘距离。借鉴输电线路更换绝缘子串，使用托瓶架和操作杆进行带电更换，安全性更能保证。图 6-14 为某公司开发的配电网带电作业用更换耐张绝缘子专用工具。

图 6-14　某公司开发的配电网带电作业用更换耐张绝缘子专用工具

▌第三节 | 带电更换耐张杆横担

更换耐张杆横担的现场实践较少,在此简要叙述作业流程,供大家交流。装置结构平视图如图 6-15 所示,图中为三相导线水平排列的单回路直线耐张杆。

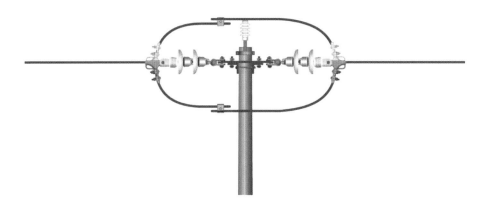

图 6-15　装置结构平视图

该作业过程需要配置 2 辆绝缘斗臂车,其中 1 辆需装备绝缘吊臂。

一、绝缘遮蔽

按照"先近后远"、"从下到上"和"先作业空间大、再作业空间小"的顺序对三相线路设置绝缘遮蔽措施。设置绝缘遮蔽措施的部位有导线、耐张线夹、过引线、绝缘子串、横担、电杆等,如图 6-16 所示。

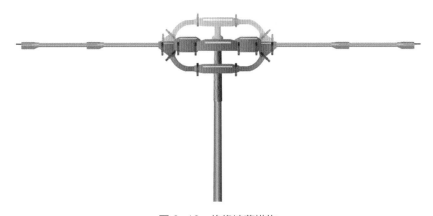

图 6-16　绝缘遮蔽措施

二、安装新的耐张横担及补充绝缘遮蔽措施

在原耐张横担下方安装好新的耐张横担和相关附件，如图 6-17 所示。新横担的位置应考虑：①导线弧垂最低点对地的距离不小于规定值；②导线能下降的幅度；③转移中间相导线时，紧线组合装置之间的夹角不能过大；④装置的标准化要求等因素。

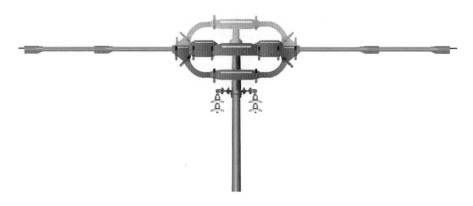

图 6-17　安装新横担

新横担的附件不包括两边相的绝缘子串和联板。10kV 高压线路的弧垂最低点距离地面的距离为一般交通困难的道路，如乡村道路等的不得低于 4.5m；非居民区的一般道路最低为 5.5m，居民区及重要交通道路最低为 6.5m。

补充绝缘遮蔽措施后的效果如图 6-18 所示。

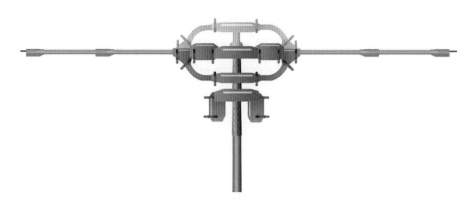

图 6-18　补充绝缘遮蔽措施后的效果

三、转移边相导线

在旧横担边相联板两侧安装好吊绳，用绝缘斗臂车小吊吊住并轻微受力后，拆除联板与横担之间的固定螺栓。缓慢下降吊绳，将整串边相导线搁置到新横担上，并固定，如图6-19所示。另一边相导线按照相同的方法进行转移。

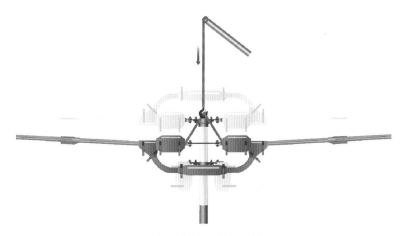

图6-19　转移边相导线

当耐张杆两侧水平应力不平衡时，拆除联板与横担之间的固定螺栓后，整串导线会横向偏移，此时应有使绝缘斗臂车免受横向拉力的措施。在新横担上固定时应用绝缘紧线器和绝缘拉杆进行校正。

四、转移中间相导线

1. 转移中间相负荷、拆开中间相过引线

在耐张横担两侧的中间相导线挂接绝缘引流线，转移负荷电流。绝缘引流线挂接完毕，用钳形电流表检测分流情况，确认其接触性能。然后拆开中间相过引线，并补充绝缘遮蔽措施，如图6-20所示（为能看清各元件、工具之间的关系，绝缘引流线线夹处没有画完整的绝缘遮蔽）。

2. 转移导线

中间相电杆两侧各用2组绝缘拉杆、绝缘紧线器、卡线器和绝缘绳组成紧线装置（见图6-21）将导线从旧横担转移到新横担上，如图6-22所示。

图 6-20　转移中间相负荷电流

图 6-21　紧线装置
1—卡线器；2—绝缘紧线器；3—绝缘拉杆；4—绝缘绳

图 6-22　转移中间相导线

方法：①先收紧上面一组紧线装置，将导线的耐张线夹处的碗头和绝缘子的球头脱

开；②一边松上面一组紧线装置、一边收紧下面一组紧线装置。电杆同一侧的 2 组紧线

装置各用绝缘千斤绳套在同一只卡线器的拉环内，以保证松、紧线的过程中卡线器总是处于受力状态，保证其稳定性。

应注意：①电杆两侧应同时操作以保证电杆受力平衡；②转移导线时应观察作业点两侧电杆受力情况。

安装紧线装置时，绝缘拉杆作为主绝缘应安装在电杆一侧与绝缘子串并行（注：美国认为绝缘绳清洁护理较为麻烦，且容易磨损，因此不具有主绝缘保护的性能）。绝缘紧线器的收缩带朝向电杆一侧，且其手柄应朝下，以使作业人员处于带电导线下方并远离电杆等地电位构件，从而保证安全。以上作业流程，紧线时没有设置防止脱线的后备保护，应进行补充。

3. 恢复过引线、拆除绝缘引流线、完成作业

作业完成后的装置如图 6-23 所示。

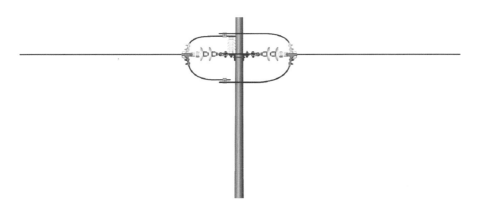

图 6-23 作业完成后的装置

更换耐张横担训练如图 6-24 所示。如必须使作业装置符合典型设计的样式，可以在参照以上流程的基础上再在原耐张横担的位置安装新的耐张横担，将导线进行再次转移。当然，以上流程中下方的横担可以用绝缘临时横担代替。

图 6-24　更换耐张横担训练图

第七章 复杂架空线路不停电作业项目

■ 第一节 | 带负荷直线杆改小角度转角杆

当由于土地使用、路政建设等原因需要带负荷横向挪动直线电杆时，在具备作业环境条件和旁路作业装备时，通常会采用"旁路作业"进行施工。以下介绍一种不需要旁路作业装备的带负荷迁移直线杆改小角度转角杆的方法。

装置结构如图 7-1 所示，两侧为耐张杆（耐张杆与待迁移的直线杆之间可能存在多档线路）。为简化作业流程起见，三相导线采用单回路水平排列方式。

图 7-1 装置结构

将导线迁移到新电杆后，导线的长度会发生改变。新、旧两根直线电杆之间的距离和导线长度的变化是影响本项目导线迁移工器具及安全的关键因素，导线长度的变化可参照图 7-2 进行计算。

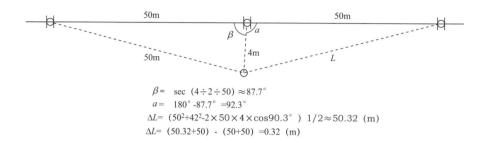

$$\beta = \quad \sec\ (4\div2\div50)\approx87.7°$$
$$a = \quad 180°\text{-}87.7° = 92.3°$$
$$\Delta L = (50^2+42^2\text{-}2\times50\times4\times\cos90.3°)\ 1/2\approx50.32\ (m)$$
$$\Delta L = (50.32+50)\text{ - }(50+50) = 0.32\ (m)$$

图 7-2　导线长度的计算

1. 绝缘遮蔽

按照"从下到上、由近及远"的顺序设置绝缘遮蔽措施，如图 7-3 所示。电杆、横担等均应严密遮蔽。

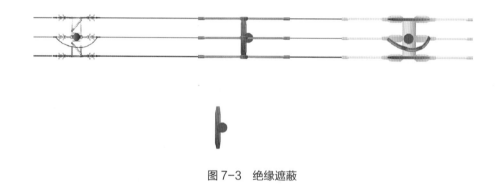

图 7-3　绝缘遮蔽

2. 转移负荷电流

在右侧耐张杆的边相用绝缘引流线短接过引线，用钳形电流表确认分流良好后，拆开过引线，并恢复和完善绝缘遮蔽隔离措施，如图 7-4 所示。

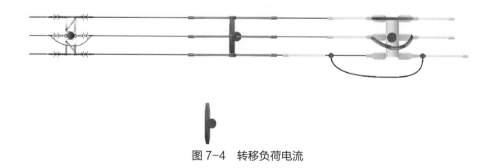

图 7-4　转移负荷电流

3. 转移导线

转移导线的方法如图 7-6 ～图 7-13 所示，过程如下：

（1）将扁带式绝缘紧线器的扁带收回，和卡线器组合在一起后，安装在耐张线夹的拉环和绝缘引流线的引流线夹之间。稍微收紧绝缘紧线器扁带。

（2）在新立直线杆上安装绝缘抱杆，如图 7-5 所示。

注意：新立直线杆的杆身、横担等均应设置绝缘遮蔽隔离措施。为能清晰地表明抱杆的安装和导线迁移的方式，图 7-5 及后续涉及绝缘抱杆的图都没有画出绝缘遮蔽措施。此绝缘抱杆是参照 HASTINGS 的起重抱杆改画的，调整绝缘抱杆上长的抱箍支架的位置，可以调整抱杆的角度。

安装抱杆的目的是避免使用绝缘斗臂车的绝缘吊臂来迁移导线，防止绝缘斗臂车受到横向的拉力。同时，也可以避免禁锢斗臂车绝缘臂和绝缘斗，解放生产力。

（3）将开口滑车安装在原直线杆的边相导线上（靠近柱式绝缘子处），将绝缘牵引绳安装在开口滑车的吊钩上，其尾绳穿过新立直线杆上绝缘抱杆的滑轮。由地面电工控制住牵引绳。

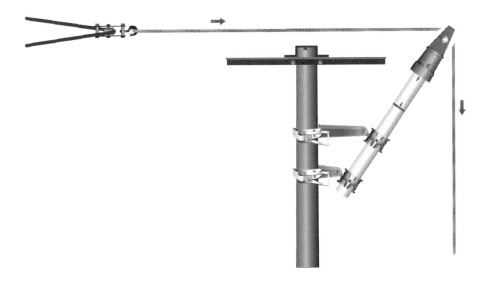

图 7-5 绝缘抱杆

（4）在右侧耐张杆处将导线脱离耐张线夹。图 7-6 所示。

（5）在右侧耐张杆处松线的同时，地面电工牵引新立直线杆上从抱杆滑轮引出的牵引绳，逐步将导线拉到新立直线杆的相应位置处，如图 7-5 所示。注意：直线杆处和耐张杆处绝缘斗臂车内的作业人员之间配合应默契，呼应要及时，操作要同时。迁移导线和安装直线绝缘子等过程中，杆上作业人员应始终处于导线的外角侧，在下方操作。

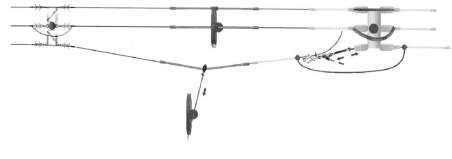

图 7-6　松线

（6）在导线的内角侧安装直线绝缘子，如图 7-7 和图 7-8 所示。注意：此时牵引绳应有效控制，避免突然跑线。

（7）在右侧耐张杆处的耐张线夹内安装导线，并将其用耐张型导线接续管进行接续，如图 7-9 所示。

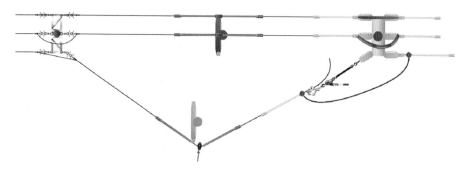

图 7-7　导线转移

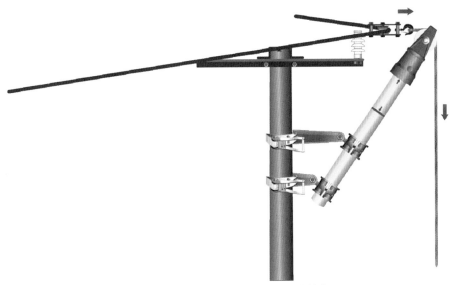

图 7-8　导线转移时绝缘抱杆的工作状态

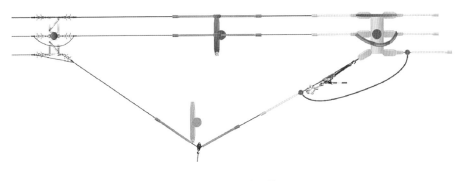

图 7-9　接续导线

（8）恢复右侧耐张杆过引线，如图 7-10 所示。确认过引线载流良好后，拆除绝缘引流线，如图 7-11 所示。

（9）固定导线，如图 7-12 所示。固定导线时，还需牵引绳控制住导线，直至导线完全固结在直线绝缘子上。为同时保证导线弧垂和适当的导线固结在直线绝缘子上时的张力，应在第 5 步时找到合适导线位置。

（10）转移其他两相导线，如图 7-13 所示。牵引导线的过程是动态的，作业幅度不容易控制，开口滑车也有金属的部件，容易短接相间、相对地的空间距离，因此转移并固定后的导线及绝缘子等及时补充绝缘遮蔽隔离措施（图 7-13 中未画）。

（11）转移三相导线的工作完成后，按照与设置时相反的顺序，拆除全部绝缘遮蔽措施。完工后的装置如图 7-14 所示。

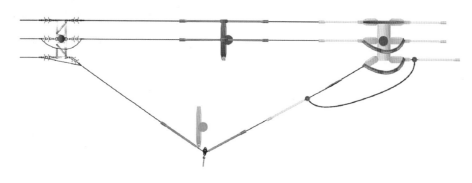

图 7-10　恢复过引线

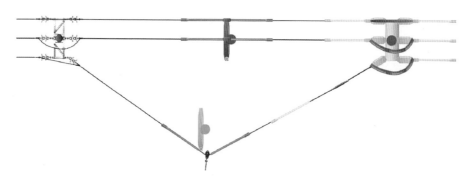

图 7-11　拆除绝缘引流线

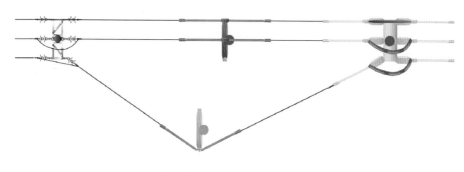

图 7-12　固定导线

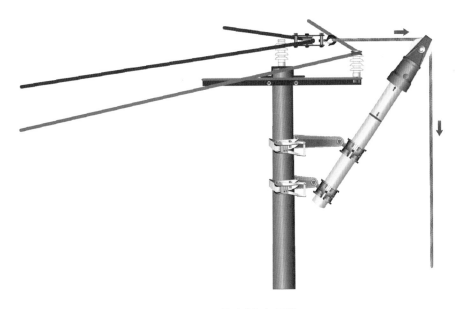

图 7-13　转移中间相导线

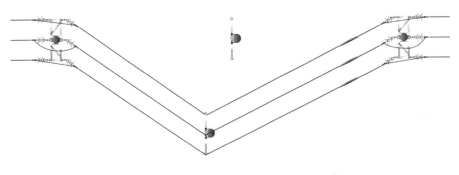

图 7-14　完工后的装置图

4. 小结

上述转移导线的步骤顺序，不一定是最合理的，方法也不一定是最佳的，仅供大家参考。实际工作应结合现场装置做出科学调整。应强调的是：

（1）转移导线的方案要考虑完工后，尽量少地余留导线的接点；考虑绝缘斗臂车的停放位置，避免处于在转角导线的内角侧，不可避免时，作业人员应在导线下方作业；避免直接用绝缘斗臂车的小吊横向受力牵引导线。

（2）作业中应随时观察导线、牵引工具和导线固结处的受力情况；应密切关注绝缘引流线长度、与主导线接续处的变化。

（3）根据《国家电网公司电力安全工作规程（配电部分）》规定，在右侧耐张杆处松线、紧线时应增设后备保护。

（4）先拆绝缘紧线器，再将导线固结在新立直线杆绝缘子上的方式，需要对导线进行精准控制。

（5）作业中，应随时根据需要增加和完善绝缘遮蔽隔离措施。

（6）本节叙述的是小角度的转角杆，所以转角杆不安装拉线。若导线转角较大，应改为耐张型转角杆，调整导线牵引的方法，且在外角侧安装拉线。

（7）两个工作点之间通信应良好，工作人员配合应默契。

▌ 第二节 | 带电迁移（更换）终端杆

日常带电作业工作中立杆、撤杆和更换电杆的项目以更换直线杆居多。更换终端杆需在原耐张杆或前或后的位置立一新杆后，将导线转移到新杆上。

现以新立耐张杆在原杆后侧 2m 左右为例，简单叙述更换耐张杆的工作流程。带电更换终端杆的装置结构如图 7-15 所示。

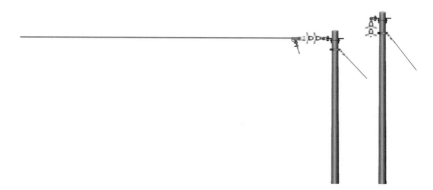

图 7-15　带电更换终端杆的装置结构
注：为简化图形，装置图为水平排列的单回路线路，按照平视图只看到最近的一条导线。

1. 设置绝缘遮蔽措施

绝缘遮蔽措施应严密，遮蔽的范围包括导线、耐张线夹、耐张绝缘子串、电杆杆头和杆身、拉线等，如图 7-16 所示。三相的绝缘遮蔽可按照"先两边相、再中间相"或"从近到远"的顺序逐相进行，每一相遮蔽可按照"先带电体、后接地体"（先在作业空间大的位置、再到作业空间小的位置，以确保绝缘遮蔽过程中能有足够的安全距离，或安全距离不足时，已有必要的绝缘隔离）的顺序进行。

图 7-16　绝缘遮蔽措施

2. 逐相转移导线

可以按照"先中间相、再两边相"的顺序逐相将导线转移到新杆上。以下仅以其中一相为例进行叙述。

（1）紧线，如图 7-17 所示。在新杆的耐张绝缘子串上安装好导线，导线的长度应合适。紧线时密切关注两边电杆、横担的受力情况，应有防止横担扭转的措施，如可在横担上安装 Y 形临时拉线（绝缘绳索）。

紧线时，按照相关规程要求需要有防止脱线的后备保护措施。

（2）断线。在合适的位置用绝缘断线剪剪断旧导线，如图 7-18 所示。

（3）用耐张型导线接续管接续导线，如图 7-19 所示。图 7-19 中接续管外壳中间的两个黑点（滚花处）为内部中间止动块的位置，可作为两根需要接续的导线预留长度的衡量标志。耐张型导线接续管结构如图 7-20 所示。

图 7-17　紧线

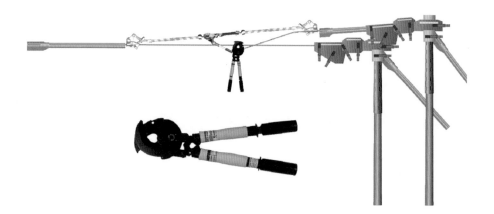

图 7-18　断线

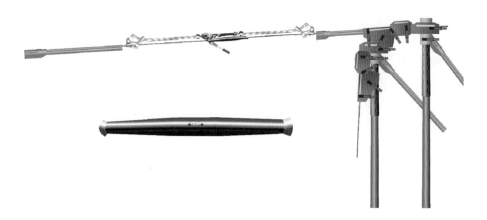

图 7-19　接续

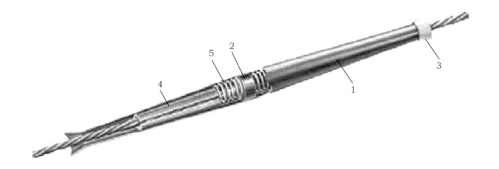

图 7-20　耐张型导线接续管结构

1—锥形外壳；2—中间止动块；3—漏斗形导引口；4—金属锷；5—弹簧

耐张型接续管的使用方法如下：

1）参照选型表，选取合适接头型号。

2）在导线上量取从接头滚花处至漏斗形导引口的长度并做标记。

3）用钢丝刷清除导线脏污及金属氧化物，确保导线笔直无毛刺（可在导线上涂刷导电脂，带电作业应谨慎防止沾染绝缘工器具）。

4）将导线插入直至中间止动块，动作应平稳，切忌扭动导线。

（4）拆除绝缘遮蔽。按照与设置绝缘遮蔽措施相反的顺序逐相拆除绝缘遮蔽措施，效果如图 7-21 所示。

图 7-21　完成效果图

■ 第三节｜带负荷迁移（更换）转角耐张杆

现场作业装置俯视图、正视图分别如图 7-22 和图 7-23 所示，线路为单回路水平排列 90° 转角的耐张杆。新立电杆（15m）位于原电杆（13m）右侧 2m 左右。新立电杆的位置应考虑：起重机的回转空间，便于施工和避免触碰带电导线；将下行导线从原电杆水平转移到新立电杆时，导线长度的变化。

简要的施工方案：设置绝缘遮蔽措施→挂接绝缘引流线（或旁路柔性电缆），转移负

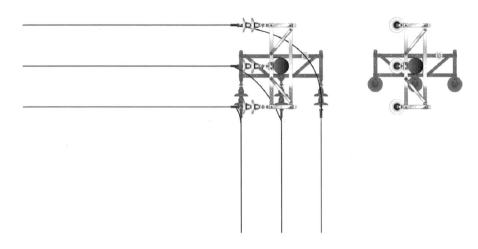

图 7-22　现场作业装置俯视图

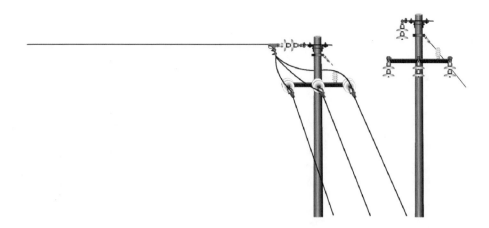

图 7-23　现场作业装置正视图

荷→切断转角杆引线→将平行线路从原电杆转移到新立电杆→将下行线路从原电杆转移到新立电杆→在新立电杆上恢复平行线路和下行线路之间的引线→撤除绝缘引流线（或旁路柔性电缆）→撤除绝缘遮蔽措施。

本项目需要两辆绝缘斗臂车配合，难点在于现场空间促狭。特别是挂设绝缘引流线后，绝缘斗臂车的绝缘斗回转时的空间更加受到限制。

1. 设置绝缘遮蔽措施

按照"由下至上、从近到远"的顺序对作业装置设置绝缘遮蔽措施，如图 7-24 和图 7-25 所示。

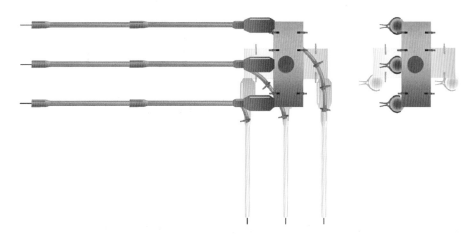

图 7-24　绝缘遮蔽俯视图

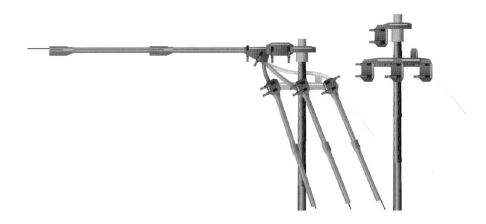

图 7-25　绝缘遮蔽正视图

2. 挂接绝缘引流线、拆除转角杆引线

用绝缘引流线转移转角杆引线的负荷电流，如图 7-26 所示。挂接绝缘引流线时，应确保相位的正确。

绝缘引流线一般有 3m、5m 等，当长度不够时可以用接续环组接，接续环的金属裸露部位也应进行绝缘遮蔽，如图 7-27 所示。

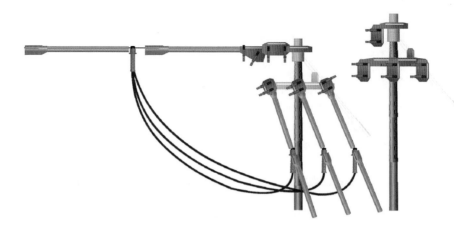

图 7-26　绝缘引流线转移负荷电流

图 7-27　绝缘引流线接续和接续环

用旁路电缆在远离作业点的位置转移负荷可以避免作业中对绝缘斗臂车绝缘斗移位时的干扰，但所需装备较多、施工规模也较大。

为防止绝缘引流线挂碍绝缘斗臂车的移动，应将绝缘引流线下垂部分进行妥善的固定（为使图示更简洁清晰，图 7-26 中未画完整）。用钳形电流表确认绝缘引流线分流正常后，才能断开转角杆的引线。

3. 将平行线路从原电杆转移到新立电杆

参照本章第二节"带电迁移（更换）终端杆"的方法，将平行线路转移到新立电杆上，如图 7-28～图 7-30 所示。

4. 转移下行线路到新立电杆

参照第六章第三节"带电更换耐张杆横担"转移中间相导线的方法，将下行导线转移到新立电杆上。这里介绍采用滑车组收、放线的方法，如图 7-31 所示。

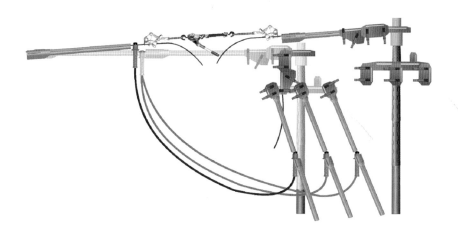

图 7-28　平行线路转移到新立电杆的过程示意图

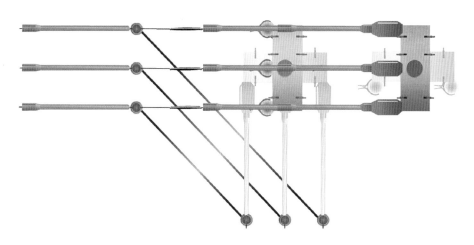

图 7-29　平行线路已转移到新立电杆的俯视图

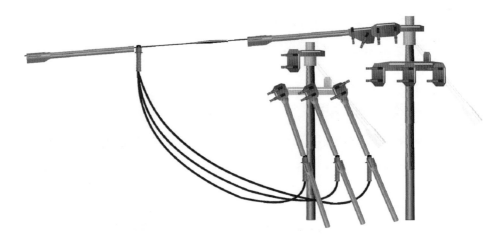

图 7-30　平行线路已转移到新立电杆的正视图

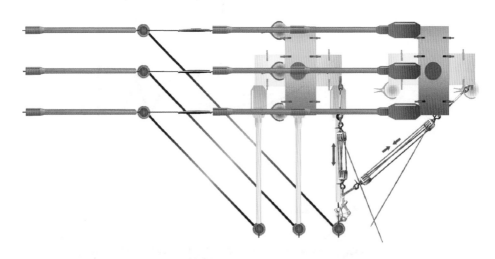

图 7-31　滑车组收、放线转移下行导线至新立电杆

　　如果安装在下行导线上的卡线器离电杆 2m，新旧电杆之间的距离为 2m，则两组紧线装置和电杆之间形成一直角等边三角形，斜边的长度约为 2.828m。也就是说，在转移下行导线时，紧线装置的收、放长度为 0.828m。

　　例如，日制扁带式绝缘紧线器（型号 N-1500R）的扬程为 0.85m，在使用时需展放到最长或收缩到最短。本节选用了滑车组来构建收、放线装置，如图 7-32 所示。

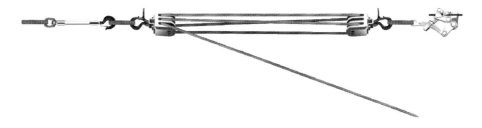

图 7-32　滑车组收、放线装置

注意：滑车组收、放线装置的绝缘连杆应设置在横担侧，滑车组的拉线应从横担侧放出，以便在收、放线时有较大的空间，与地电位构件保持足够的距离。

下行导线转移的过程如下：

（1）收紧滑车组，将导线从原电杆的耐张绝缘子串上脱开。

（2）一边放松原电杆侧滑车组，一边收紧新立电杆侧滑车组，直至导线移位到新立电杆对应的耐张绝缘子串处。

（3）将导线固结到新立电杆对应耐张绝缘子串上。

为降低操作难度，转移导线时，也可以先转移至新立电杆其他"相"过渡一下。但此时需要重复的步骤会更多些。

若紧线装置的横担侧挂设在耐张线夹的拉环内，可忽略绝缘拉杆。这种方法有利于下行导线长度的微调和弧垂的控制。施工中考虑导线的初伸长，往往弧垂会更小些，导线的水平应力会更大些。在一些标准规范中，规定了耐张线夹拉环应采用的金属抗拉强度，但并未指明是否可以作为线路施工紧线用。

将下行导线水平转移到新立电杆时，档距有所微变。以下行导线原档为 50m 为例，转移到新立电杆后，档距长度为 $\sqrt{50^2+2^2}\approx50.04$（m），即增大了 4cm。这相当于在原档距的基础上过牵引了 4cm，应计算此时紧线器或滑车组的受力情况，避免逃线事故。

5. 恢复转角杆引线、拆除绝缘引流线

下行导线全部转移至新立电杆后，恢复新立电杆上平行线路和下行线路之间的引线。恢复引线时，应确保相位的正确。待用钳形电流表确认引线分流正常后，拆除绝缘引流线，如图 7-33 所示。

6. 撤除绝缘遮蔽措施

按照"由远到近、从上到下"的顺序拆除绝缘遮蔽措施。工作完成后的装置如图 7-34 所示。

实际工作要比本节所述复杂很多，本节只是介绍一个大概过程，工作人员还需在现场不断实践、总结经验。带负荷迁移（更换）转角耐张杆实训现场图如图 7-35 所示。

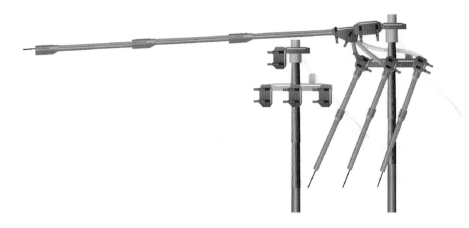

图 7-33　恢复引线、拆除绝缘引流线时的装置图

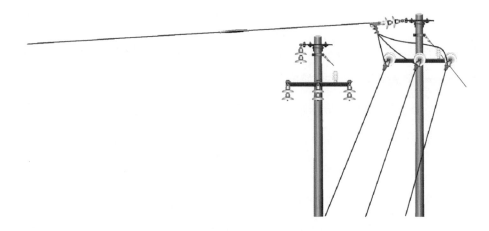

图 7-34　工作完成后的装置

图 7-35　带负荷迁移（更换）转角耐张杆实训现场图

▌ 第四节│复杂项目案例

一、带电立钢管杆及带负荷直线杆改耐张杆

多边形截面钢管杆具有占地面积小、易施工、强度高等优点，城镇配电网中多用于无位置打拉线的转角和耐张杆位。

一般来说，杆上附件绝缘程度越高越有利于带电作业。例如，采用"绝缘杆头—绝缘横担—绝缘子"组合配置可简化不停电作业程序，减小劳动强度，提高作业安全性。欧美国家有较多的木质电杆和绝缘横担，美国最早的地电位作业就是采用干燥的木质棒完成的（请勿模仿）（见图 7-36）。

图 7-36　美国更换木质电杆现场

我国的配电架空线路杆型绝大多采用水泥杆，在带电组立电杆过程中存在相对地、相间短路的风险，因此作业中需要采取烦琐的绝缘遮蔽措施。钢管庞大的金属杆身更加不利于带电组立。

2018年8月，某公司实施线路迁改过程中，带电组立钢管杆，并进行带负荷直线杆改耐张杆作业。

1. 过往经验

班组有过带电撤除10kV三回路钢管杆的经验，如图7-37所示。由于杆身和横担较细，导线遮蔽工作量大，但杆身相对较容易控制。操作过程中的主要的问题是上下杆身采用插接而非法兰的形式进行连接，起吊后上下管段可能会脱开，危及施工安全。这个问题的解决方法是使用两副链条葫芦拉紧上下管段，图7-38所示。

图7-37　撤除钢管杆全景图

2. 本次作业概要

本次作业因导线对地净空距离小（7m），弧垂紧，带电提升高度有困难，在不影响强度的前提下将杆身从15m的总高度改为10m；另外，为方便带负荷改耐张杆时保持足够的安全距离，横担附件也请厂家做了微调。钢管杆是法兰连接，无须担心脱落问题，起吊时将钢管杆吊至导线正上方，杆身从导线间直接落入基础，如图7-39所示。

图 7-38　用链条葫芦防止起吊过程中上下管段脱开

图 7-39　钢管杆起吊过程

这种起吊方法的优点是效率高，稳定性好，缺点是遮蔽措施无法覆盖杆身，吊车的钢丝绳也无法遮蔽。因此，除对导线进行严密遮蔽外，还应将中相导线向外牵引，以保证钢管杆与导线之间有足够的空间。

因杆身庞大，作业人员放弃杆身的绝缘隔离措施转为对带电导线进行多重绝缘包裹，并辅以绝缘绳控制杆身与带电体的安全距离。由于杆身更改后还是偏高，吊车钢丝绳未进入带电区域，作业过程还是比较安全的。

因后段有 15 个台区的负荷，采用"先通后断"，即先接通过引线、等收紧导线并固定在耐张线夹后，再断开主导线的方式进行带负荷改耐张，历时 4h 顺利完成工作，如图7-40 所示。最大的危险点还是遮蔽严密程度，导线是裸导线，在收紧和开断瞬间有短路接地风险。由于采用了"先通后断"方式，未断开的导线和紧线装置互为备用、断线后，导线已经固定在耐张线夹内，和紧线装置又是互为备用的关系，因此本次作业简略了防止跑线的后备保护措施。

本次不停电作业历经多次勘察和多方协调，通过灵活施工有效防止了第二天工作出现大范围停电。

图 7-40　直线改耐张过程

二、带负荷更换杆上断路器

2018 年，某供电公司大范围地开展柱上真空断路器更换成智能断路器的工作。对于不带保护功能的分支线路断路器，通常在断路器处于断开状态下进行更换。这种方式虽然保证了架空主干线的正常运行，但影响了对分支线用户的供电。为保证对分支用户的供电，通常采用绝缘引流线将断路器短接后进行更换，即带负荷更换。智能断路器带有过电流保护功能和自动合闸功能，若采用引流线直接短接，应先闭锁其跳闸回路，以防智能断路器意外跳闸导致短接过程中绝缘引流线带负荷接引的现象的发生。这会存在一个问题，即带电作业人员不具备拆开断路器机构箱闭锁跳闸回路的技能，其他班组人员又不具备直接在带电设备上操作所必需的配网不停电作业岗位资格。为解决这个问题，采用旁路电缆和旁路断路器组合替代绝缘引流线，进行带负荷更换智能断路器。该公司由于缺少必要的装备，带电作业班采用工程电缆（代替柔性电缆）和跌落式熔断器（代替旁路负荷开关）开展了带负荷更换柱上断路器的工作。

2018 年 10 月，该公司带负荷更换 10kV 凯旋 8505 线 45 号杆柱上断路器，该断路器用来控制百盛路支线，现将其更换为柱上智能断路器。配电线路平面布置图如图 7-41 所示。

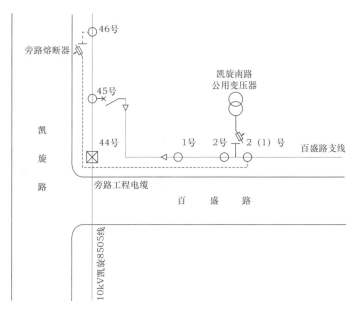

图 7-41　配电线路平面布置图

10kV 凯旋 8505 线 45 号杆和百盛路支线 1 号杆均为电缆登杆装置，结构较为复杂，作业空间狭小，因此，选择 10kV 凯旋 8505 线 46 号杆和百盛路支线凯旋南路公用变压器双杆变台的 2（1）号杆作为旁路工程电缆挂接点。对应百盛路支线约 140A 的负荷电流，旁路用 150m 长的工程电缆型号为 YJV22-15-3×70mm²，旁路熔断器型号为 RW11-10F/200A，熔丝额定电流为 200A。

工作班分成三组，现场工作场景如图 7-42 所示。三组的工作流程如图 7-43 所示。

图 7-42　旁路作业更换杆上断路器现场工作场景

第一组在 46 号电杆处工作，如图 7-44 所示。经过估算，工程电缆引线搭接到 2（1）号电杆处的空载电流为 0.399×0.15 ≈ 0.06A，因此，采用绝缘杆进行操作，而未使用消弧开关。

在对停电管控日益严格的背景下，对于没有旁路设备或旁路设备配备不足无法多点同时开展工作的单位，使用工程电缆和熔断器进行带负荷工作不失为一种简单有效的就地取材办法。在人力物力许可的情况下，使用工程电缆进行长距离大旁路施工甚至优于使用柔性电缆施工（柔性电缆携带方便，一般为 50m 一卷，长距离旁路时需要多组中间接头，这时整个旁路系统出现接触不良的概率反而更高）。当然，若出现跨公路施放电缆的情况，这种大旁路就不如单杆小旁路方便，这时采用无裸露带电部位的旁路负荷断路器和柔性电缆会更安全便捷。

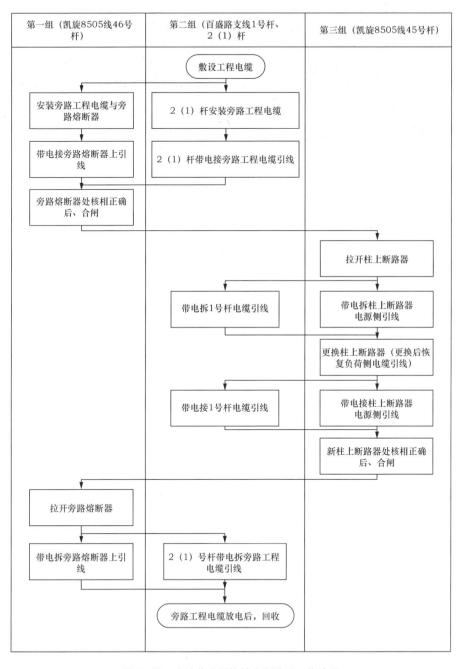

图 7-43　旁路作业更换柱上断路器工作流程

图 7-44　10kV 凯旋 8505 线 46 号杆挂接工程电缆

其次，开展综合不停电作业是一项参与班组多、步骤节点多的综合性施工作业。由于带电作业班不是设备主人，在线路设备上开展如此大型的工作必须得到公司职能部门的支持，如准备工程材料、杆上附件安装、电缆施放和吊装等，均需要设备主人和施工单位的全力配合。本次工作设一名总协调人（由带电班班长担任），总协调人手持施工方案对各作业点进行整体把控，一个环节结束后再许可下一个环节开始，保障工作全程的安全和有序。

最后，在保障安全的前提下，开展综合不停电作业需前期准备充分，过程应简化优化。在带电班与调度充分讨论协商之后，本次工作调度只许可一次，即许可"10kV 凯旋 8505 线 45 号杆进行带负荷更换柱上断路器"，施工过程中的熔断器及断路器的拉合操作、旁路系统接入、两次核相、旁路系统的退出等环节均由总协调人自行掌控，提高了工作效率。当然，若涉及其他线路的临时取电工作（即改变了运行方式的工作），还应由调度对每个环节进行许可，以便于调度随时掌握方式变化后是否存在运行方面的其他问题。

三、直线杆改耐张杆加装柱上断路器设备

2016 年 11 月 25 日，某带电作业班开展了直线杆改耐张杆加装柱上断路器设备（隔离开关＋柱上断路器）的工作。图 7-45 ～图 7-49 是现场工作的照片，架空线路导线为

LJ-120，采用单回路三角排列。该项作业过程中，没有使用绝缘引流线作为分流线，而是使用了绝缘导线（JKLYJ-240）和异型并沟线夹，如图 7-46 所示。

图 7-45　安装耐张绝缘子串

图 7-46　逐相紧线、安装分流线

图 7-47　断线、固结导线到耐张线夹

图 7-48　安装柱上断路器设备

图 7-49 开关设备带电接引线

该作业班组总的作业时间为 4h 左右。表 7-1 为各工作环节电流测量记录表。

表 7-1 各工作环节电流测量记录表   单位：A

序号	步骤		U 相	V 相	W 相
1	作业前每相导线电流		83	95	67
2	安装分流的绝缘导线后	绝缘导线	48	50	42
		主导线	34	42	27
3	新装开关合闸后，分流的绝缘导线拆除前	主导线	89	94	90
		绝缘导线	66	68	61
		断路器引线	27	24	28

从表 7-1 可以看出，各相电流的分流电流和总电流之间有误差，这可能是测量时的误差及负荷的瞬时变化引起的。由表 7-1 中第 2 组数据可知，相同材料导线的截面积大小对电流分流有较大影响；从第 3 组数据可知，断路器回路由于接续点较多，影响电流的分流。另外，当低压侧负荷电流不平衡时，可分解为正序、负序和零序电流。只有正序和负序电流可反馈到 10kV 侧（变压器高压侧为△接线时，零序电流在绕组间流通），因此 10kV 侧线电流是正序和负序电流的相量和，不同相导线上的电流大小不一样。

四、带负荷迁移线路

2017 年 7 月 8 日 6 点 30 分，某供电公司在不停电作业示范区开展线路迁移工程。本次作业实施地县一体化联合作业，参加作业的人员来自市区供电公司和多个县区供电公司带电作业班组。迁移线路的接线如图 7-50 所示。

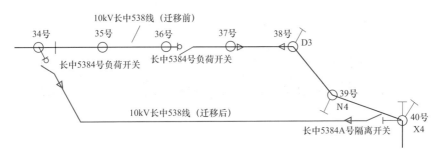

图 7-50　迁移线路的接线

10kV 长中 538 线 34 号杆至 40 号杆之间无分支用户，长中 5384 号负荷开关后段线路可由五星 672 线转供，带电迁移线路的主要工作内容（电缆预先已敷设）如下：

（1）倒闸操作。合 10kV 五星 672 线 6729 号断路器，拉开 10kV 长中 538 线 5384 号负荷开关。实现对长中 5384 号开关后段线路的转供电。

（2）10kV 长中 538 线 34 号杆（直线杆）带电改终端杆，如图 7-51 所示。

（3）10kV 长中 538 线 40 号杆，带电断空载线路（10kV 长中 538 线 36 号杆至 40 号杆之间的架空和电缆混合线路，其中电缆长度约为 100m），如图 7-52 所示。

（4）拆除 10kV 长中 538 线 34 号杆至 40 号杆之间的旧线路，包括架空导线、电缆、柱上设备和电杆，如图 7-53 所示。

（5）在 10kV 长中 538 线 34 号杆安装柱上负荷式隔离开关，吊装电缆，将电缆终端引线接续在断路器动触头侧接线柱；在 40 号杆加装隔离开关，吊装电缆，将电缆终端引线接续在隔离开关动触头侧接线柱。

图 7-51　34 号杆带电改终端杆

图 7-52　40 号杆带电断空载线路

图 7-53　放下旧导线

（6）在 10kV 长中 538 线 34 号杆、40 号杆处带电接柱上开关设备的上引线。

中午，环境温度已接近 40℃，顶着灼热的阳光，经过 7h 的奋战，顺利完成线路的迁移工作。本次作业节约城网停电时户数 210 个，避免了配电网不停电作业示范区内用户发生停电。

第八章 综合不停电作业项目

▌ 第一节｜桥接法和旁路作业

在配电网不停电作业中，通常需要转移负荷来确保检修过程中不减少负荷，以保证持续供电。例如，用绝缘分流线带负荷更换发热线夹、更换柱上隔离开关；用旁路柔性电缆和旁路负荷开关等构建的旁路回路带负荷更换架空线路和设备等。但不同的负荷转移方法，对作业的安全具有很大的影响。

图 8-1 和图 8-2 为采用绝缘引流线转移负荷电流更换柱上负荷开关。为能看清原理，图 8-1 中未画出绝缘遮蔽隔离措施（注：本节所有附图均为单回路三角排列的架空线路装置的正视图）。这种作业方式的绝缘引流线对作业的干扰较大，特别是作业空间。用绝

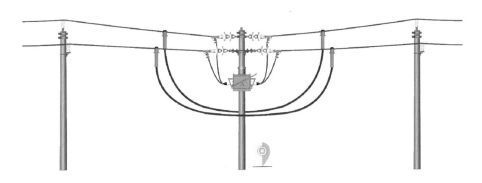

图 8-1 绝缘引流线转移负荷电流的示意图 1

图 8-2   绝缘引流线转移负荷电流的示意图 2

缘引流线短接开关时需要采取防止开关意外跳闸的措施，并且要防止接错相别导致人身、电网及设备事故。挂接和拆除绝缘引流线组的时候，要有防止带电转移带电导体意外失控的措施和方法。

鉴于以上原因，以下主要介绍旁路作业和桥接法。

一、旁路作业和桥接法的优缺点

旁路作业和桥接法优于绝缘引流线带负荷作业的原因如下：

（1）在不减少负荷的情况下，能形成最小的停电区间，采用停电检修的方式来完成工作。

（2）在旁路负荷开关断开的情况下，挂接和拆除旁路柔性引下电缆时，即使柱上开关的跳闸回路未被完全闭锁，也不会发生"带负荷断、接引线"的事故。

（3）可以借助旁路负荷开关进行核相，避免短接检修设备的回路接错相别发生短路事故。

它们的缺点如下：

（1）旁路作业和桥接法都会使用旁路柔性电缆和旁路负荷开关，因此需要具备较高的装备条件。

（2）旁路作业采用架空敷设旁路柔性电缆设备的方式，工程量比较大，费时费事。

二、旁路作业和桥接法的现场作业装置条件

旁路作业和桥接法的现场作业装置条件是不同的。

　　旁路作业作业点两侧的电杆须为耐张杆（开关设备装置更佳，转移负荷时不需拆除过引线，直接操作开关设备即可），是直线杆的，须预先改成耐张杆，如图 8-3 所示。

　　桥接法对作业点两侧的电杆无特殊要求，作业点两侧为直线杆也可以，如图 8-4 所示。

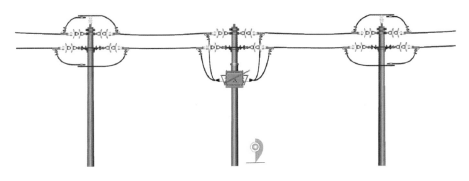

图 8-3　作业点两侧为耐张杆的线路

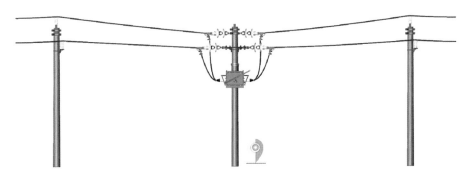

图 8-4　作业点两侧为直线杆的线路

三、旁路作业

　　旁路作业原理示意图如图 8-5 所示。为能较为清楚地说明其原理，图 8-5 中没有画出绝缘遮蔽措施。

　　在停电隔离区段检修时，应余留必要的绝缘遮蔽措施，如图 8-6 所示。

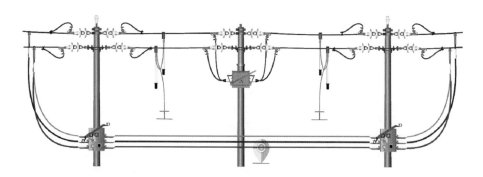

图 8-5   旁路作业原理示意图

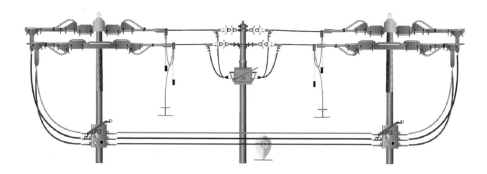

图 8-6   停电检修区段应余留的绝缘遮蔽措施

1. 主要装备

假设每档线的长度为 50m，构建旁路回路需要的主要装备如下：

（1）旁路负荷开关 2 台。考虑挂接旁路柔性电缆时空载电流的影响，需要用旁路负荷开关限制直接挂接到架空线上的旁路柔性电缆的长度。为确保接线正确，其中一台还作为转移负荷电流之前的核相点。

（2）旁路柔性电缆 4 组。假设每组电缆的长度为 30m。

（3）旁路柔性电缆中间连接器 3 组。

（4）旁路柔性引下电缆 2 组。

2. 简要作业步骤

（1）作业点两侧电杆带电改耐张杆（必要时）。

（2）组建旁路回路。

（3）确认 2 台旁路负荷开关均处于分闸位置的状态下，在作业点两侧电杆的架空线上，带电挂接旁路柔性引下电缆。

（4）倒闸操作和拆除作业点两侧耐张杆过引线，转移负荷电流。合上电源侧旁路负荷开关→在负荷侧旁路负荷开关处核相，确认接线相序无误→合上负荷侧旁路负荷开关→检测旁路回路的分流情况，确认良好→拉开作业点柱上负荷开关→拆除作业点两侧耐张杆的过引线。

注意：如柱上开关设备有继电保护功能或跳闸回路未退出，务必按上面的步骤，在旁路回路贯通后，先拉开柱上开关设备，再拆除耐张杆过引线。

（5）在作业区段挂设接地线，进行停电检修。

设备检修完毕，恢复设备运行，撤除旁路回路的过程在此不赘述。

四、桥接法

桥接法原理示意图如图 8-7 所示。为能较为清楚地说明其原理，图 8-7 中没有画出绝缘遮蔽措施。

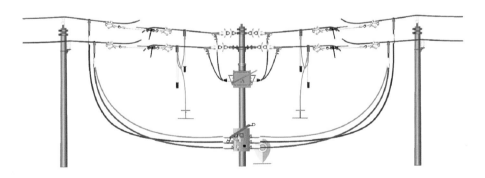

图 8-7 桥接法原理示意图

在停电隔离区段检修时，应余留必要的绝缘遮蔽措施，如图 8-8 所示。

1. 主要装备

所需的主要装备如下：

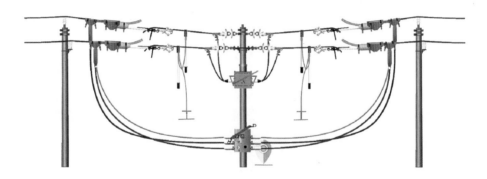

图 8-8　桥接法应余留的绝缘遮蔽措施

（1）绝缘双钩 6 把，卡线器 12 只。绝缘双钩和卡线器用来组装桥接器，绝缘双钩在主导线断开后，作为断开点之间的主绝缘设备。

图 8-9　桥接法中应用的桥接器

图 8-9 中的桥接器由卡线器和绝缘双钩组成，绝缘双钩的有效绝缘长度应不小于0.4m，作业中严禁短接。另外，有一种适用于绝缘杆作业法的日制桥接器，可代替图8-9 所示工具，在此不做介绍。

（2）旁路负荷开关 1 台。

（3）旁路柔性引下电缆 2 组。

（4）旁路柔性电缆及中间连接器若干。

2. 简要作业步骤

（1）组建负荷转移的回路。

（2）确认旁路负荷开关处于分闸位置的状态下，在作业点两侧的架空线上，带电挂接旁路柔性引下电缆。

（3）倒闸操作，转移负荷。在旁路负荷开关处核相，确认接线相序无误→合上旁路负荷开关→检测回路的分流情况，确认良好→拉开柱上负荷开关。

（4）在作业点两侧旁路柔性引下电缆的挂接点内侧，带电安装桥接器。

（5）在桥接器位置开断导线，隔离出最小的检修区段。注意：开断点位置应处于绝缘双钩有效的主绝缘位置；绝缘双钩的有效绝缘长度不小于 0.4m；断开后的导线端头应设置绝缘遮蔽措施，并进行有效固定，保持足够的空气距离（不小于 0.4m）以形成明显断开点。

（6）在作业区段挂设接地线，进行停电检修。

（7）设备检修完毕后，用导线压接管或耐张型接续管（见图 8-10）接续断开的导线。恢复设备运行，撤除负荷转移回路的过程在此不赘述。

图 8-10　耐张型接续管

五、小结

（1）桥接法比旁路作业的设备规模和工程量要小得多，作业装置条件要求相对较低。

（2）绝缘双钩的绝缘性能和力学性能影响作业的安全性，应确保可靠。

（3）在检修区段隔离后，未装设接地线的情况下，还应将区段内线路和设备视作有电，应采用带电作业的方式实施作业。

（4）按照施工及验收规范，架空线路一档内的接点不得多于一个。旁路作业不会在档内留下接续点，这是桥接法不具备的。桥接法中遗留下来的接续点应确保其可靠性，如接续电阻不大于同等长度导线的电阻，握着力不小于导线破断拉力的 90% 等。

（5）由于桥接法中旁路柔性引下电缆的挂接、桥接的操作等都在线档的中间，设置绝缘遮蔽措施时的空间距离相比于旁路作业较大，更易保证安全距离，绝缘遮蔽措施也要少得多。

（6）桥接法中是不是可以用扁带式绝缘紧线器和绝缘拉杆代替绝缘双钩，需要再讨论。编者以为扁带式紧线器的机械强度是一个应考虑的问题，后备保护要不要有，后备保护用绝缘绳代替行不行（绝缘绳在美国不作为主绝缘，我国是可以的。在扁带式紧线器上串联一个绝缘拉杆也是考虑了这个问题，并且扁带式紧线器收紧时，有效绝缘长度不容易准确衡量）。

注意：书中，所有"带电"作业部分，均应预先设置好绝缘遮蔽隔离措施，作业中还需根据需要增加和完善。

■ 第二节 | 临时取电

山区、海岛具有负荷小、布点分散、供电半径长和道路通行困难等特点。如果 10kV 电源故障，用低压发电车给用户临时供电，则从发电车（见图 8-11）数量、保供电人员配置、响应及时性等多方面都难以得到保证。使用 0.4kV 发电车发电在通过变压器升压倒送至电源点附近的 10kV 线路，是一种集中保障用户及时恢复用电的一种方法。2012年，福建某供电公司开发的全天候智能移动变电站具备正向降压和反向升压的功能，为保障海岛用电发挥了很大的作用。2018 年 9 月，浙江某供电公司使用 0.4kV 发电车升压倒送保电项目试验成功。发电车与移动变压器连接的示意图如图 8-12 所示。

图 8-11　发电车

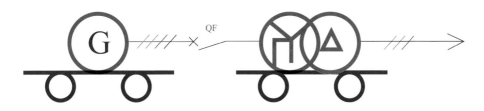

图 8-12　发电车与移动变压器连接的示意图

1. 设备的额定电压

先复习一下系统中电源设备、线路、用电设备额定电压之间的关系。设线路的额定电压为 U_N，线路上的电压损耗一般不超过 10%U_N。线路的首端电压为 U_a=1.05U_N，末端电压 U_b=0.95 U_N，则：

$$U_N = (U_a+U_b)/2 = (1.05U_N +0.95U_N)/2$$

电源设备处于线路的首端，因此发电机额定电压 U_{GN}、变压器输出电压 U_{2N} 等于 1.05U_N，如 0.4kV、10.5kV 等。用电设备处于线路的末端，其额定电压等于线路的额定电压。

注意：变压器的输入侧看作电源设备的用电设备。

2. 降压变压器当作升压变压器使用时的问题

常用的配电变压器型号规格有三相油浸式变压器，S11-315/10-0.4，调压范围 ±5% 或 ±2×2.5%；干式变压器，SCB11-315/10-0.4，调压范围 ±5% 或 ±2×2.5%。

将降压变压器作为升压变压器使用时，二次侧（10kV 侧）输出电压会降低，如 U_{2N}=0.38×（10/0.4）=0.95（kV）。即使是 0.4kV 发电车直接作为配电变压器的输入电源，其二次侧输出电压也只有为 10kV，不能满足较长距离输送电能的要求。

因此，必须调整配电变压器的变压比以适应从 0.4kV 发电车端升压倒送的需求。配电变压器的无载分接开关装设在高压绕组侧，如高压绕组采用 Y 接时，分接开关装设在中性点侧。调节配电变压器输出电压的口诀是"高往高调、低往低调",即需要提高二次侧输出电压时,向"+"的方向调节分接头挡位,实际是减少了配电变压器高压绕组匝数;需要降低二次侧输出电压时,向"-"的方向调节分接头挡位,实际是增加了配电变压器高压绕组匝数。当配电变压器改做升压变压器使用时,为提高10kV侧的输出电压值,应该增加高压绕组的匝数,就是将分接开关向"-"的方向调。例如,将配电变压器的分接开关调整到"-2×2.5%"位置,当发电机出口电压为0.4kV时,输入配电变压器低压侧,则10kV侧输出电压为10.526kV。

公用配电变压器高压侧没有电压表,无法监测到出口电压的幅值是否满足远距离传输的要求,只能在用户侧监视电压。公用配电变压器低压侧一般装设无功补偿装置,在作为升压倒送使用时,可先退出。

当然,分接开关的位置还应结合配电变压器在10kV线路的反向送电接入点来选择。如果接入点在线路的首端,应预先将配电变压器的分接开关调整至"-2×2.5%"位置;如果接入点在线路的中间,应预先将配电变压器的分接开关调整至"-2.5%"位置;如果在线路的末端,分接开关的位置则可以处于额定变比即中间的位置。调整配电变压器分接开关的前后,均应测量高压绕组的直流电阻。对比两次测量结果检查回路的完整性和三相电阻的均一性,线间差别不大于2%。

3. 变压器与发电车的容量匹配问题

发电车的功率用有功功率表示,如30 ~ 150kW、150 ~ 300kW 等。变压器的容量用视在功率表示,如50、100、200、250、315、400kVA 等。考虑负荷功率因数和变压器经济运行的负荷功率等因素,作为和0.4kV 发电车配合的升压配电变压器的容量建议按照以下公式确定:

$$S_T = P_G / (0.9 \times 0.7)$$

式中:S_T 为配电变压器的容量;P_G 为发电车的功率;0.9 为负荷功率因数;0.7 为负荷率。

如果发电车的功率为30kW,则$S_T = 30/(0.9 \times 0.7) \approx 47.62(kVA)$,应选择容量

为 50kVA 的配电变压器。

负荷（P_f）一般用有功功率表示，如 15W 的电灯、30kW 的电动机等。发电车、配电变压器和负荷之间的关系为（0.9×0.7）$S_T \geq P_G \geq P_f$。

4. 负荷较大、发电车容量较小的问题

当负荷较大，而发电车容量较小时，需要两台甚至多台发电车并列运行供给配电变压器倒送运行。由于发电车停运时，转子和定子的相对位置不同、启动瞬间不相同及参数上的不一致，发出电能的电压存在相位差，因此不能直接并列运行。

两台发电机的并列运行同样要遵循"相序一致，相位一致、电压相等，频率相等"3个条件。

此时可以采用同期并列装置来解决这个问题，原理如图 8-13 所示（可以根据现场公用变压器和 JP 柜的接线来改进接线方法）。图 8-13 中同期屏由低压断路器及其两侧的电子式电压传感器、快速插拔接口、同期比较装置等组成。同期比较装置对取自电子式传感器 ETV 的低压断路器 QF2 两侧电压进行比较。当不具备并列条件时，闭锁 QF2 的合闸回路，当符合并列条件时，自动合上 QF2。

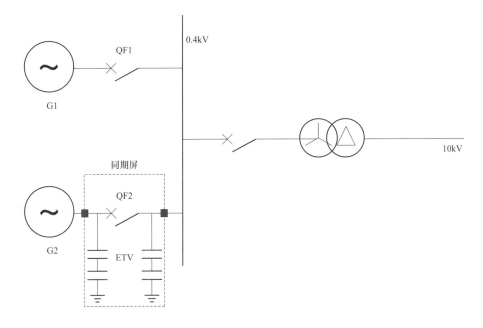

图 8-13　多台发电车并列给配电变压器运行的原理图

大致思路如下：

（1）发电车 G1 先接入配电变压器低压侧运行。

（2）启动发电车 G2，同期屏比较低压断路器 QF2 两侧电压，当符合并列条件时，自动合上 QF2。

同期屏可以设计成外置独立式的，可以根据实际需要选择合适的接入位置，如图 8-14 所示。

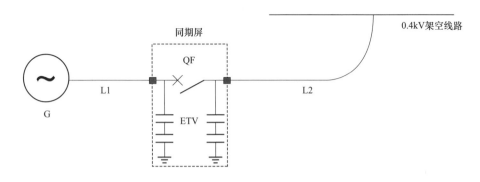

图 8-14　发电车临时给 0.4kV 架空线路供电

在发电车对低压架空线进行临时供电，但又不能短时停电的情况下，可以：

（1）先将发电车至同期屏的柔性电缆 L1，以及低压架空线至同期屏的低压柔性电缆 L2 按照相序接入同期屏。

（2）采用带电作业方式将 L2 挂接到 0.4kV 架空线路上。

（3）启动发电车，合上发电车出线开关 QFG。

（4）借助同期屏比较发电车和 0.4kV 架空线路上的电压，当满足并列条件时，合上 QF。

（5）拉开给 0.4kV 架空线路供电的配电变压器的低压开关和高压开关，使其退出运行。

5. 小结

综上所述，利用低压发电车和公用变压器升压倒送的方式来给山区、海岛等分散负荷临时供电的主要技术措施如下：

（1）根据公用变压器在 10kV 架空线路上的接入位置，合理调整配电变压器分接开关的位置。接入点在线路首端时，将分接开关调整至"−2×2.5%"位置；接入点在线路中间时，将分接开关调整至"−2.5%"位置；在线路末端时，分接开关的位置处于中间位置。

（2）当多辆发电车给配电变压器供电时，应借助同期装置来实现并列运行。

（3）发电车、配电变压器和负荷之间的关系为（0.9×0.7）$S_T \geqslant P_G \geqslant P_f$。

6. 移动箱变车的设计要求

为增大移动箱变车的应用范围，在配电网不停电作业工作中发挥更大的经济效益，移动箱变车不仅需要具备从 10kV 线路临时取电降压至 0.4kV 的降压变压器的功能，最好还具备以下功能：

（1）降压和升压功能。

（2）车载变压器可根据现场公用变压器的接线组别切换接线组别，如 Y，yn0 或 △，yn11。

（3）车载变压器的调压范围不小于 ±5%，切换位置包括额定变比不少于 5 挡。

（4）低压侧多于两回出线时，各出线应用低压断路器单独控制。低压断路器应配置同期并列装置。为小型化同期屏，宜使用电子式电压传感器来获得电压量。同期装置根据要求可选择投入或退出。

（5）低压侧断路器处宜装设备用电源自投装置。根据要求可选择投入或退出。

（6）表计的安装。高、低压侧均有可供检测的电压表、电流表；低压侧断路器处宜装设相序表，以保证相序的正确性。

（7）高、低压开关的操作屏具有符合电力运行操作习惯的接线图。

（8）高、低压开关设备及变压器之间应有脱开和联结装置，可提供简单的操作使设备间脱开并有一定的空间距离，以适应现场绝缘检查和预防性电气试验。

第九章 从运行角度考虑配电网不停电作业方案

■ 第一节│配电网不停电作业中的冷、热倒操作

在综合性的配电网不停电作业工程中，为尽量缩小停电的范围，往往需要采用倒闸操作的方式以形成最小的停电检修区域。一种方案是采用旁路作业的方式转移负荷到旁路回路，另一种方案是通过线路联络开关倒送至检修段的负荷侧保证对用户的持续供电。

旁路作业中为将检修段隔离出来，需要多次带电压和电流进行倒闸操作，但这些操作并不是改变线路上负荷电流的流向，只是将通过检修段的电流转移到旁路回路，因此不改变系统的运行方式。旁路作业的限制是设备规模和旁路作业装备的载流能力。一般大于 300m 作业范围的，需要地市之间进行设备统筹，但目前各单位所配备的旁路作业装备可能存在技术参数不匹配的问题，如由于额定电压和额定电流、设备互联接口尺寸等的不同，旁路柔性电缆、旁路负荷开关和连接器之间无法互通互联。另外，采用旁路作业装备与普通工程电力电缆互联，也需专门的转接装置来实现。按照这种思路，如果有 N 个不同厂家不同规格的旁路作业装备及环网箱，要实现互联必须有 $C_N^1 \cdot C_{N-1}^1 = N \times (N-1)$ 种转接装置，如 N 为 4，需要有 12 种，而现实中是 N 不止于 4。

技术参数和结构标准的统一是目前亟待解决的问题，也是目前不少单位技术创新的落脚点。因此，在旁路设备规模和载流能力等条件不允许的情况下，利用目前配电网络

"多分段、多联络"的结构特点，对检修段负荷侧用户使用联络开关进行负荷转送，将检修区段隔离出来，这种方式显得更为灵活和可行，且停电检修时少了"电"的威胁，其安全性比带电作业更好。

注意：由于停电检修技术措施落实不彻底、不严密，存在漏停电、反送电的可能，或作业人员潜意识中认为线路是没电的，缺少戒备心，或动作幅度大等原因，容易出现生产安全风险。带电作业人员由于存在戒备心，作业更为仔细规范。出于以上原因，有人认为带电作业比停电检修更为安全，这是不客观的。

以下针对第二种方案展开叙述。

一、利用转送隔离检修区段的方式

配电网络正常运行时，联络开关处于"分闸"位置，即"开环"运行。

方式 1：图 9-1 中，QL_n 为线路上需要隔离检修的区段的电源侧负荷开关；QL_{n+1} 为线路上需要隔离检修的区段的负荷侧负荷开关；QF_L 为联络开关。图 9-1 中，为尽量使检修段负荷侧用户的不停电，隔离检修区段的顺序如下：

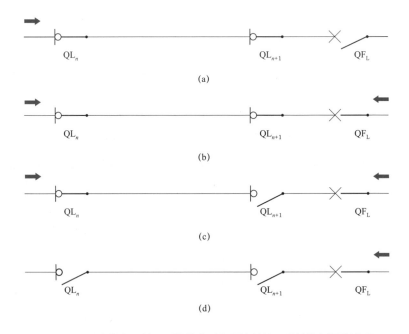

图 9-1　最少停电区域、最短停电时间隔离检修区段的热倒操作流程

（1）合上 QF$_L$（热倒合环），如图 9-1（b）所示。

（2）拉开 QL$_{n+1}$（解环），如图 9-1（c）所示。

（3）拉开 QL$_n$，如图 9-1（d）所示。

恢复对检修区段的供电（见图 9-2）的操作顺序如下：

（1）合上检修段电源侧负荷开关 QL$_n$，如图 9-2（b）所示。

（2）合上检修段负荷侧负荷开关 QL$_{n+1}$，即热倒合环操作，如图 9-2（c）所示。

（3）拉开 QF$_L$，解环操作，如图 9-2（d）所示。

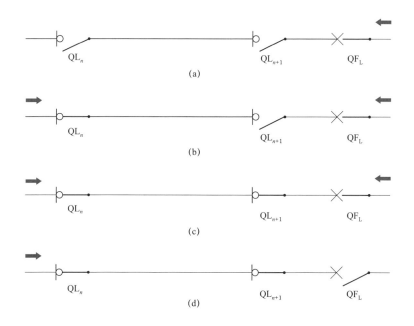

图 9-2　最少停电区域、最短停电时间恢复检修区段的热倒操作流程

联络开关的位置是调度及运行部门按照配电网络的拓扑关系，经过潮流计算分析选定的，合环操作时穿越电流最小，对系统冲击最小，不会引起合环点两侧电压骤变和继电保护装置误动，解环操作时也不会引起两侧电压骤变和功率不平衡的最佳电路节点。即使是这个默认的最佳电路节点，在每次进行带电压、带负荷操作前，也应重新进行潮流分析计算，以确保系统的安全。

例：2018 年 10 月，某 110kV 变电站 10kV 出线需要检修（图 9-3 所示黑色区域）。两条分支线上的断路器 QF1 和 QF2 均为柱上智能断路器。为了不影响用户的用电，拟先合上 10kV 开关站内断路器，再断开 110kV 变电站出线回路的相关开关。但是，在合上 10kV 开关站内断路器后，由于电压的波动，两条分支线负荷电流瞬间大于其电流二段保护的整定值（300A），发生误动跳闸。

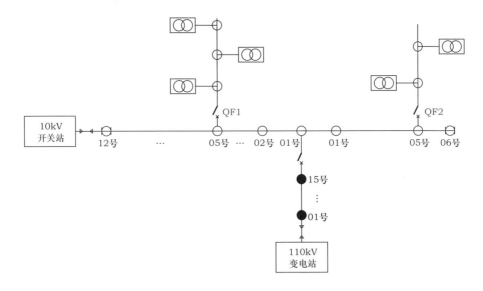

图 9-3　某 110kV 变电站 10kV 侧

看来，随着配电网自动化建设的不断深入，在进行热倒操作期间，不但要考虑停用变电站出线开关的继电保护装置，而且需要停用线路柱上智能断路器的继电保护功能。因此，热倒的操作应是严谨的。在方式 1 的叙述中，可以看到图 9-1（c）中 QL_{n+1} 既作为隔离检修区段时的解环点，又作为检修完毕恢复检修区段时的合环点，如图 9-2（c）所示，它不是系统预定的最佳节点，因此在操作时可能会产生更大的不可预料的问题。

方式 2：虽然在倒闸操作期间会有短时停电，但假如 QL_n、QL_{n+1}、QF_L 均为柱上智能断路器的话，那么停电的时间也可以做到最短。因此，方式 2 可能也是一种值得考虑的优选方案。短时停电隔离检修区段和恢复检修区段的热倒操作流程如图 9-4 和图 9-5 所示。

在这里不再叙述方式 2 的操作流程。对线路热倒操作前的核算进行分析。

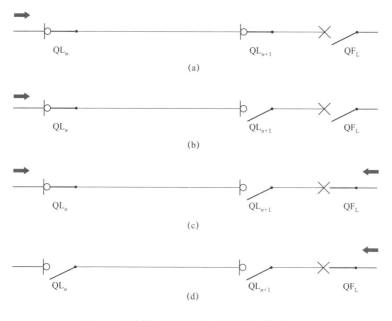

图 9-4　短时停电隔离检修区段的热倒操作流程

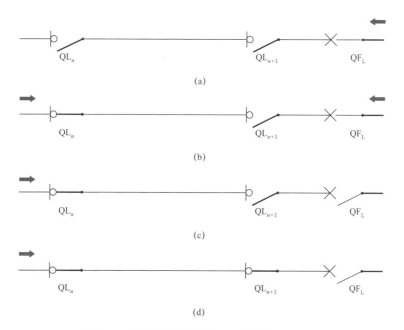

图 9-5　短时停电恢复检修区段的热倒操作流程

二、利用电压差校核热倒条件

调度部门使用电力系统分析软件 PSD-BPA 进行潮流计算。合环点选择在主线，以负荷少为原则，合环处线径或电缆越大越好。合环点两条线路，上一级变电站等级要相同，如同是 110kV 或 35kV 变电站。原则上合环点两条线路是在同一个 220kV 变电站下面。

以下采用手动计算方式，进行热倒操作的潮流分析计算。简单地采用计算热倒操作的开关处电压差（标量）来进行校核，这里的电压差不考虑负荷性质导致的相量差。

以图 9-6 为例，220kV 母线为同一个变电站内的母线，具有完全相同的电压。图 9-6 中，变压器的技术参数见表 9-1。

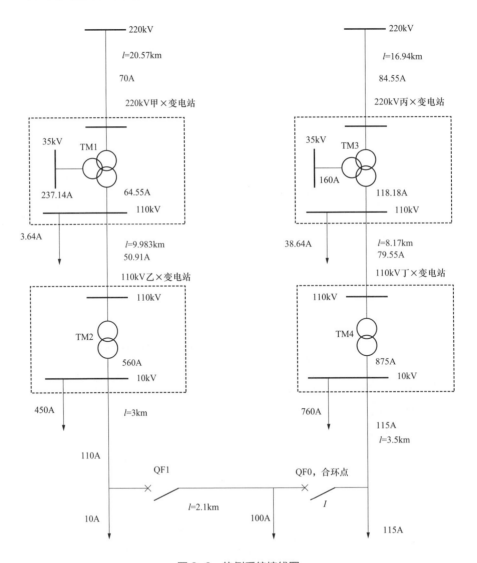

图 9-6　热倒系统接线图

表 9-1　变压器的技术参数

名称	型号	接线组别	阻抗电压百分比
TM1	SSF11-40000-220/110/35	YNyn0d11	高-中，14%；高-低，24%；中-低，9%
TM2	SF11-20000-110/10	YNd11	9.5%
TM3	SSF11-50000-220/110/35	YNyn0d11	高-中，12%；高-低，22%；中-低，7%
TM4	SF11-31500-110/10	YNd11	10.5%

按照 r_1（$r_{1-2}+r_{1-3}-r_{2-3}$）/2，可以分别计算出三圈变压器各侧的阻抗，并将其和线路阻抗、各侧负荷电流均折算到 10kV 侧，得出等效电路如图 9-7 所示。

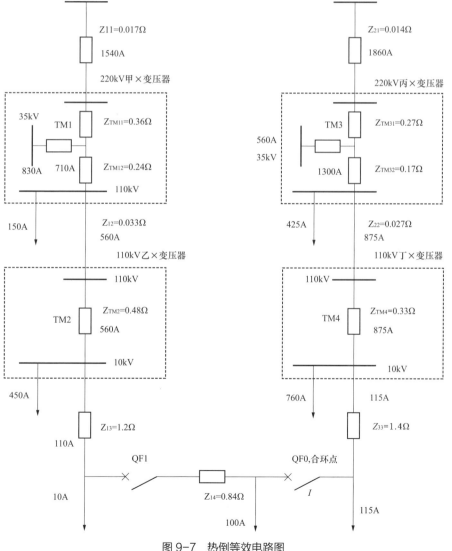

图 9-7　热倒等效电路图

设合环操作时，通过合环点的穿越潮流为"*I*"，则按照：

$(I + 1540) \times (0.017 + 0.36) + (I + 710) \times 0.24 + (I + 560) \times (0.033 + 0.48) + (I + 110) \times 1.2 + (I + 110) \times 0.84$

$= (1860 - I) \times (0.014 + 0.27) + (1300 - I) \times 0.17 + (875 - I) \times (0.027 + 0.33) + (115 - I) \times 1.4$

$= -5.88A。$

如果选择 QF1 为合环点，则 *I*=94.12A，虽然图 9-7 左侧 10kV 线路的电流为 204.12A（负荷电流与合环点穿越潮流的总和），虽然不超过线路过电流保护的整定值，不会引起继电保护的误动，但对系统的冲击相对会较大。

■ 第二节│用旁路开关带负荷更换柱上智能断路器闭锁跳闸回路的必要性

在带负荷更换柱上断路器工作中，为避免出现带负荷断、接引线（绝缘引流线）的风险，安全工作规程规定，在短接柱上断路器之前，先闭锁断路器的跳闸回路。ZW32-12G/630 柱上智能断路器如图 9-8 所示。

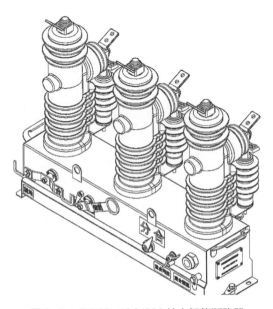

图 9-8　ZW32-12G/630 柱上智能断路器

一、跳闸原因

柱上智能断路器跳闸的原因如下：

（1）调度远程操作，即平时所说的遥控操作，使其跳闸。

（2）断路器的负荷侧有故障，继电保护动作使其自动分闸以切断短路电流隔离故障点。

第一种原因相对是可控的，如作业班组到达现场后和调度联系并获得工作的许可，即可以明确这个要求，禁止调度在线路上有此项工作时遥控操作该柱上断路器。但也不排除由于工作失误而导致的误操作。

第二种原因是不可控也不可预料的。

二、跳闸原理和闭锁方法

目前使用的柱上智能断路器有安装在主干线的，也有安装在分支线路作为分界开关的。一般情况下，柱上智能断路器具有限时电流速断保护和定时限过电流保护的二段式电流保护和零序电流保护。主干线上的柱上智能断路器零序电流保护主要是作用于开关站（或变电站）内报警信号，而分支线上的柱上智能断路器则除了作用于报警之外还驱动跳闸回路跳闸切除单相接地。上下级柱上智能断路器的保护配合按照时间差来整定。

在没有闭锁跳闸回路的情况下，用绝缘引流线短接柱上智能断路器时，由于一部分负荷被绝缘引流线转移，继电保护装置（如零序电流互感器）检测到三相不平衡电流（即被转移的负荷电流），会误发接地信号，作为分界用的开关会在报警后跳闸。

闭锁断路器的跳闸回路（见图 9-9）有 3 种途径：

（1）断开断路器控制回路的操作电源（一般为 24V 的直流电压）。

（2）断开跳闸回路。

（3）拆除断路器控制回路中的跳闸线圈。

对应的方法如下：

（1）在柱上智能断路器的控制箱上拉开电源开关及蓄电池出口的开关，即切断控制回路的操作电源。

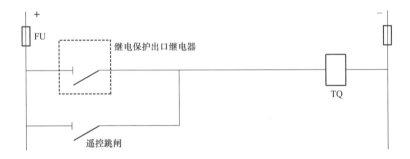

图 9-9　断路器控制回路原理图
FU—控制回路小熔丝；TQ—跳闸线圈

（2）取下控制回路的小熔丝。

（3）拆除跳闸线圈比较复杂，需要打开断路器的机箱。

值得注意的是，在安装有外置电磁式电压互感器的柱上断路器时，拉开电磁式电压互感器的隔离开关或跌落式熔断器也是切断控制电源的一种方法。在没有一二次融合的柱上断路器上工作时，取下控制回路小熔丝及拆除跳闸线圈都需要打开机箱。

这 3 种途径只要有一种方式实现就可以达到闭锁断路器跳闸回路的目的，属于二次系统的专业范围，对于配电网不停电作业人员来说有一定难度。

三、采用旁路负荷开关转移负荷电流的优点

（1）单辆绝缘斗臂车就可以开展工作，不需要按照绝缘引流线同相同步的要求断、接引流线夹。

（2）当旁路负荷开关处于断开位置时，即使柱上智能断路器跳闸回路未闭锁，负荷侧短路或其他原因导致突然跳闸，也不会发生带故障电流或负荷电流断、接旁路高压引下电缆引流线夹的可能。

（3）可以借助旁路负荷开关上的核相装置避免接错相序，造成短路事故。

（4）可以避免由于绝缘引流线短接开关时一端有电，牵引转移带电的导线过程中失去控制导致接地、相间短路或高压串入低压的事故。

四、闭锁柱上智能断路器的跳闸回路的必要性

通过上面叙述，用旁路开关带负荷更换柱上智能断路器这种方法好像能克服绝缘引流线短接柱上智能断路器的所有缺点。而且，旁路负荷开关的合闸、分闸具有同期性（不同期性不大于 3ms，柱上断路器可能不大于 2ms），在合闸时也不会像绝缘引流线法那样因零序电流保护动作导致跳闸，那么是不是可以不闭锁柱上智能断路器的跳闸回路呢？

原理上，当旁路负荷开关三相分流一致，即具有对称性，且分合闸时具有完全的同期性 [3ms 的不同期性也会躲开零序电流的动作时间，零序电流动作时间为调度报警时间加上极差时间，如（60+5）s]，柱上智能断路器的零序电流保护不会启动，即在没有退出继电保护和闭锁分闸回路的情况下，不会跳闸。

但由于旁路负荷开关三相电路阻抗的不一致（通常来说新的旁路负荷开关触头间的直流电阻不大于 200μΩ，使用多次后，其直流电阻会有偏差，一般要求使用中的旁路负荷开关检测其三相直流电阻偏差不大于 20%，但还要受到高压引线电缆引流线夹与主导线之间接触电阻的影响），旁路负荷开关转移的三相负荷电流并不会完全一致。

零序电流保护的启动值按系统的电容电流来整定，如空载线路的长度为 8 ~ 10km 时，整定值为 1A。从实践可知，旁路负荷开关转移负荷电流的偏差远大于 1A，因此零序电流保护仍可能会动作。

在前序步骤，旁路负荷开关合上后接下来就要拉开柱上智能断路器，其是否会自动分闸好像并不重要，反而能简化操作步骤。但是，在更换后，如果不闭锁跳闸回路，则不能顺利地将负荷电流转移到新的柱上智能断路器处，可能会导致短时停电。带负荷更换柱上智能断路器如图 9-10 所示。

五、结论

（1）带负荷更换主干线上的柱上智能断路器，由于其零序电流保护不作用于跳闸，可以不闭锁其跳闸回路。

图 9-10　带负荷更换柱上智能断路器

（2）带负荷更换作为分界开关的柱上智能断路器，由于三相电路未能完全一致性造成的负荷转移偏差，其零序电流保护既作用于发信又作用于跳闸，因此需要闭锁其跳闸回路。

目前，各生产厂家的柱上智能断路器在结构上，以及继电保护的配置和配合上有差别。为安全起见建议无论是主干线还是分支线上的柱上智能断路器，即使采用旁路负荷开关来转移负荷电流进行带负荷更换或安装工作，建议都应闭锁其跳闸回路。

▌ 第三节｜断、接空载电缆引发变电站误发接地信号

在一次使用消弧开关带电断、接与架空线路连接的空载电缆引线项目中，引起变电站误发接地短路信号。电缆长度为 1.56km，型号为 8.7/15kV，YJV22-3×400，实测单相空载电流 2.21A。现象描述：断开第一相电缆引线后调度反映出现单相接地信号，断开第二相后接地信号继续存在，三相引线全部断开后，单相接地信号消失；接第一、第二相电缆引线时，又出现接地信号，直至三相电缆引线全部接续后，接地信号消失。

在中性点非有效接地系统中，接地信号由装设在变电站母线上的交流绝缘监察装置（见图9-11）或中性点的消弧线圈处的信号继电器（见图9-12），在发生单相接地的时候启动发出。

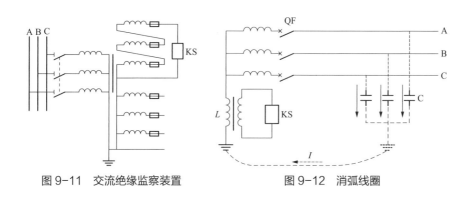

图9-11　交流绝缘监察装置　　　　图9-12　消弧线圈

正常运行时，三相系统的对地电容电流基本是对称的，也就是图9-12中 $I \approx 0A$，中性点对地电压正常情况下不得超过15%的相电压。当断开一相长空载线路时，I 等于未断开的两相对地电容电流的相量和，在数值上和单相电容电流基本一样（此时 I 流过消弧线圈，导致系统中性点对地电压会升高，引起未断开相对地电容电流的数值发生变化），以上案例中 I 约等于2.21A。系统中性点对地电压升高到一定程度，超过15%的相电压时，消弧线圈上的接地信号装置或绝缘监察装置（三相五柱式电压互感器二次侧以开口三角形接线方式的绕组）输出的电压只要达到15V，就能启动信号继电器误发信号。

至于在带电断接空载线路项目时，当空载电流超过多少变电站会发接地信号，这个主要看系统中性点对地电压会不会超过15%的相电压，和以下几个方面有关：

（1）和系统本身的电容电流大小，也就是说与消弧线圈的容量有关，系统电容电流小，消弧线圈的容量也小，即消弧线圈阻抗大，带电断接线路引起的不平衡电容电流流过消弧线圈时，引起的中性点电压偏移就大；

（2）和带电断接空载线路的长度、线路类型（架空线还是电缆）的规格型号、架设方式，沿线树木等因素有关，总之断接点负荷侧的空载线路电容电流越大，不平衡电容电流流过消弧线圈时，引起的中性点电压偏移就大。如果这两方面都具备，则该项工作中，变电站误发接地信号的可能性就越大。

在线路空载电流较大时，为避免出现这种变电站误发接地信号的情况，建议使用旁路负荷开关一起来断开或接通线路的三相引线，保证系统接线的对称性。当然也可以提前和调度说明可能出现的现象。

可以看出，带电作业不仅仅是断接引线、更换安装设备，还需具备线路运行、变电站运行等方面的知识，这样才有利于开展配电网综合不停电作业。

■ 第四节 | 从配电网不停电作业角度优化配电网架空线路装置

影响配电网不停电作业安全和效率的主要因素有作业现场的环境条件和架空线路装置结构等。2018 年 5 月，某地市公司开启了配电网不停电作业示范区作业条件的评价工作，目的就是给将来的网架结构和线路的改造工作提供一个辅助决策的依据。除了评价网架结构是否满足"N-1"之外，主要的评价内容就是作业现场的环境条件和架空线路装置结构。

目前，配电网不停电作业涉及架空线路的带电作业方法主要有绝缘斗臂车绝缘手套作业法、绝缘斗臂车绝缘杆作业法和脚扣登杆的绝缘杆作业法。环境条件，特别是地形条件，是决定使用绝缘斗臂车和其他特种车辆开展作业的充分必要条件，本节不进行叙述。架空线路装置的设备安装方式是影响作业安全和效率关键，本节做简要分析和总结。

采用新型设备简化装置的安装方式，提供更大的作业空间和便于带电作业装备的接入，是一种优化带电作业流程、提高作业安全性和扩大带电作业适用范围的有效方法。以下通过对柱上开关装置和电缆登杆装置及电压互感器的分析说明设备选型和安装方式对开展配电网不停电作业的影响。

一、柱上开关装置中耐张线夹和避雷器组合的应用

无间隙的避雷器长期承受工作电压的作用，需要 4~5 年轮换一次。图 9-13（a）中的避雷器装设于开关的下方，避雷器顶端距开关出线套管的垂直距离不小于 0.4m，这种装置可以采用脚扣登杆的绝缘杆作业法带电更换避雷器，但图 9-13（b）中的避雷器，特别是杆顶的一组避雷器即使采用绝缘斗臂车绝缘手套作业法，也较难转移绝缘斗进入作业位置。另外，由于架空线路绝缘化的原因，带负荷更换柱上开关时，必须在开关两侧的绝缘导线的合适位置剥除绝缘层作为绝缘引流线挂点。这会破坏绝缘导线的绝缘性能和机械强度。

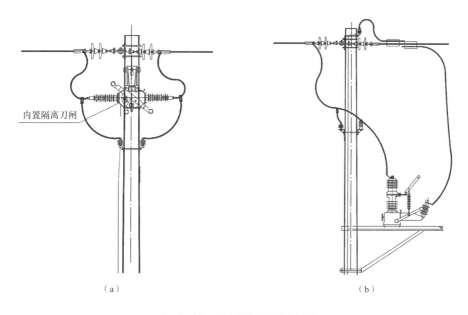

（a） （b）

图 9-13 柱上开关装置示意图

若采用图 9-14 的耐张线夹和氧化锌避雷器组合作为图 9-13 装置的基本结构，对开展配电网不停电作业更为有利。原因有三：一是少了 6 根避雷器引线，装置结构更为简洁，带电作业时减少了绝缘遮蔽隔离的范围，降低了带电作业的工作量；二是采用了不需要定期轮换的具有外间隙的氧化锌避雷器，减少了设备的维护量；三是接地环为带负荷更换柱上开关提供了挂接绝缘引流线的位置。该接地挂环采用在导线尾线处穿刺的方

式，利用耐张线夹进行导流，可作为临时接地线的挂点，也可作为带电作业绝缘引流线的挂点。由于绝缘导线的穿刺部位在导线的尾线处，不承受导线的张力，因此对主导线的绝缘性能和机械强度都没有影响。

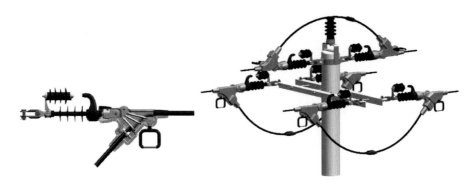

图 9-14 采用耐张线夹和避雷器组合的耐张杆装置示意图

二、电缆登杆装置的安装方式

常见的电缆登杆装置如图 9-15 所示。图 9-15（a）所示的接线中没有隔离开关或跌落式熔断器等柱上开关设备，适用于跨越高架桥、道路等架空线路和电缆线路混合线路。图 9-15（b）适用于变电站或开关站的出线，从室内到户外架空线路的第一基杆。电缆具有较大的电容和较小的感抗、电抗，由于线路阻抗的变化需要在装置上安装避雷器来保护电缆终端。

图 9-15 中，电气设备安装在电杆两侧，带电作业时绝缘斗臂车绝缘斗的回环路径复杂；避雷器有专门的引线接于电缆与架空线路的连接引线上，使装置结构相对复杂化；停电检修时，电缆终端处没有接地线的挂点；避雷器动作后无明显特征；带电更换避雷器，为避免泄漏电流的影响，应先使用绝缘柄的断线剪剪断开避雷器引线；带负荷更换跌落式熔断器或断、接空载电缆与架空线路的连接引线时，电缆终端处不具有绝缘引流线的挂点。

图 9-16 所示电缆登杆装置采用了具有脱扣装置的支柱式氧化锌避雷器（如型号为 HY5WDG-17/50-T），避雷器同时作为电缆终端引线的固定点。从图 9-16（b）中可以看到，避雷器上连接电缆终端引线①和设备引线②用的连接板还安装有接地挂杆③，

可供停电检修时挂设接地线。与图9-15比较，减少了一组支持绝缘子和一组避雷器引线，简化了装置结构；电气设备都安装在电杆一侧，带电作业时转移绝缘斗的路径简洁；避雷器动作后脱扣器脱落，便于巡视检查；带电更换避雷器，为避免泄漏电流的影响，可

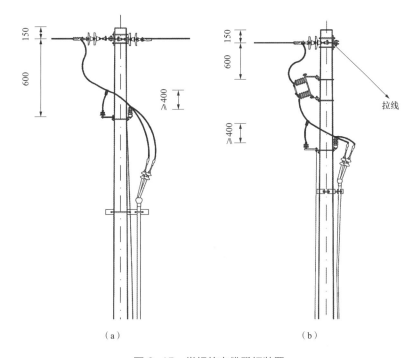

（a）　　　　　　　　　　　　（b）

图 9-15　常规的电缆登杆装置

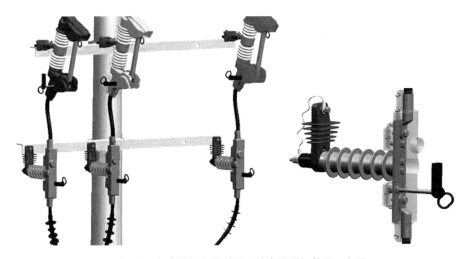

图 9-16　具有脱扣器的避雷器的电缆登杆装置示意图

以先用绝缘断线剪断开脱扣器引线；停电检修时，电缆处终端处具有接地线的挂点；带负荷更换跌落式熔断器或断、接空载电缆与架空线路的连接引线时，电缆终端处具有牢固可靠的绝缘引流线的挂点。

综上所述，图 9-16 所示的具有脱扣器避雷器的电缆登杆装置更适合于配电网不停电作业。

三、电压互感器或传感器的选型和安装方式

配电网自动化改造后，线路的分段开关、断路器等都有提供测量和操作电源用的电压互感器或电子式电压传感器。传统的电磁式电压互感器由于具有铁芯元件和绕组，在回路接通和断开的瞬间，有较大的励磁电流并可能产生过电压。在安全工作规程中，电磁式电压互感器在带电作业时被列为禁止直接断、接的负荷之一，因此电磁式电压互感器须经隔离开关或跌落式熔断器接入系统，如图 9-17 所示。否则，应使用带电作业专用的消弧开关，或用绝缘操作杆断、接互感器引线，使作业人员远离断接点以避免励磁电流和过电压的影响。从图 9-17（b）中可知，采用消弧开关断、接电磁式互感器引线时，

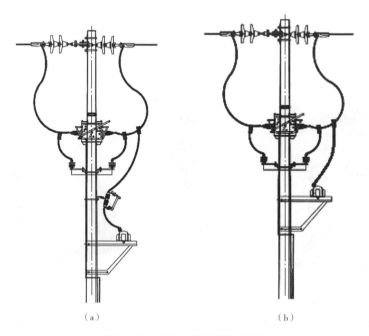

（a）   （b）

图 9-17　电压互感器组装示意图

须在主导线上选择消弧开关的挂接点并剥除导线的绝缘层，降低主导线的绝缘性能和力学性能；消弧开关下端的绝缘引流线也不易在互感器侧找到合适的挂接点，增加了作业风险和难度。目前，柱上智能断路器集成了固体绝缘的电容分压式电压传感器，少了外置的电压互感器和跌落式熔断器等设备及相应的引线，装置结构大为简化。由于电压传感器的电容量小、电流小，不需要使用消弧开关带电断、接开关引线（即电压传感器引线）。

综上所述，集成在智能断路器上的电压传感器更适合于配电网不停电作业。

参考文献

[1] 国家电网有限公司运维检修部 .10kV 配电网不停电作业规范 [M]. 北京：中国电力出版社，2016.

[2] 国家电网有限公司人力资源部 . 配电线路带电作业 [M]. 北京：中国电力出版社，2016.

[3] 胡毅 . 配电线路带电作业技术 [M]. 北京：中国电力出版社，2002.

[4] 胡毅 . 带电作业工具及安全工具试验方法 [M]. 北京：中国电力出版社，2003.

[5] 易辉 . 带电作业技术标准体系及标准解读 [M]. 北京：中国电力出版社，2009.

[6] 杨晓翔 . 配网不停电作业技术问诊 [M]. 北京：中国电力出版社，2015.

[7] 余虹云，朱承治，李瑞，等 . 配电网绝缘导线接续与防雷技术 [M]. 北京：中国电力出版社，2016.